Helmut Brauer
Motorflugmodelle selbst konstruieren
Der einfache, erfolgreiche Weg

Fachbücher von

Best.-Nr.	Autor	Titel	VK-Preis
310 2012	Simons, Martin	Flugmodell-Aerodynamik	32,00 DM
310 2015	Hausner, Helmut	Mein erstes RC-Flugmodell	28,00 DM
310 2026	Unverferth, H.-J.	Faszination Nurflügel	29,50 DM
310 2030	Bernet, Ernst	Der RC-Hubschrauber	32,00 DM
310 2031	Thomas, David	Flugmodelle aus Styropor und Roofmate	32,00 DM
310 2035	Miel, Dr. Günter	Ferngesteuerte Trainermodelle	36,00 DM
310 2044	Lisken M. u. Gerber U.	Das Thermikbuch für Modellflieger	42,00 DM
310 2049	Schlumberger, Thomas	Ferngesteuerte Kleinsegler	24,00 DM
310 2052	Wimmer, Josef	Experimentalmodelle	28,00 DM
310 2054	Kolbe, Manfred	Grundlagen für die Konstruktion von Segelflugmodellen	24,00 DM
310 2058	Juhrig, Mark	Modellflugzeugschlepp	36,00 DM
310 2061	Juras, Dirk	Getriebe im Elektro-Motorflug	26,00 DM
310 2064	Erdmann, Kai	Thermiksegelflug (F3J)	34,00 DM
310 2066	Lohr, Klaus	Große Modellmotoren	32,00 DM
310 2069	Schulte, Hinrik	Der erfolgreiche Einstieg in den RC-Elektroflug	22,00 DM
310 2079	Eder, Heinz	Mehr Leistung mit dem Hand-Launch-Glider	26,00 DM
310 2083	Dolch, Stefan	Rippenflügel aus Faserverbundwerkstoffen	24,00 DM
310 2084	Schreiber, Achim	Technische Grundlagen für den Bau von RC-Helikoptern	42,00 DM
310 2092	Dr.Hofmann, Jürgen	Grundlagen für den Bau von RC-Doppeldeckern	22,00 DM
310 2095	Juras, Dirk	Das Elektroimpellerbuch	29,50 DM
310 2097	Schulte, Hinrik	Eigenkontruktion von Elektroflugmodellen	28,00 DM
313 0006	Smoothy, Peter	RC-Einbau in Flugmodelle	19,50 DM
313 0010	Allison/Nicholls	Kunstflug mit ferngesteuerten Modellen	19,50 DM
313 0011	James, David	Der Antrieb im Impellerflugmodell	19,50 DM
312 0001	Thies/Hepperle	Eppler-Profile	25,00 DM
312 0003	Thies, Werner	NACA-Profile	25,00 DM
312 0005	Schwartz, Frank	203 erprobte und bewährte Tips	18,00 DM
312 0007	Quabeck, Helmut	HQ-Profile	18,00 DM
312 0014	Steenbuck/Baron	Moderner Tragflächenbau	25,00 DM
312 0016	Eder, Heinz	Freiflug-Modellsport	25,00 DM
312 0020	Schreckling, Kurt	Strahlturbine für Flugmodelle im Selbstbau	30,00 DM
312 0023	Bender, Hans-W.	Leistungsprofile für den Modellflug	36,00 DM
311 0007	Hofstede, F. W.	Großflugmodelle	17,80 DM
311 0010	Baron, Christian	Moderner Rumpfbau	17,80 DM
311 0013	Schmitz, Eckehard	Selbstbau-Fernsteuerempfänger	12,80 DM

und außerdem:

310 2037	Wallroth, Tilman	Drehen und Fräsen im Modellbau	68,00 DM
310 2070	Wallroth, Tilman	Drehmaschinenpraxis für Modellbauer	38,00 DM
310 2099	Eichardt, Jürgen	Fräsen mit der Drehmaschine	29,00 DM
312 0006	Carl, Rüdiger	Der 4-Takt-Modell-Motor	18,00 DM
312 0022	Fietz, Ingo	Drehzahlsteuerung im Modellbau	30,00 DM
311 0009	Wallroth, Tilman	Werkzeuge für den Modellbau	17,80 DM

Motorflugmodelle selbst gebaut

Helmut Brauer

Verlag für Technik und Handwerk
Baden-Baden

 Fachbuch

Best.-Nr.: 310 2101

Redaktion: Alfred Kirst

Die Deutsche Bibliothek – CIP-Einheitsaufnahme

Brauer, Helmut:
Motorflugmodelle selbst konstruiern : der einfache,
erfolgreiche Weg / Helmut Brauer. - 1. Aufl. - Baden-Baden :
Verl. für Technik und Handwerk, 1998
  (vth-Fachbuch)
  ISBN 3-88180-701-2

ISBN 3-88180-701-2

Printed in Germany
Druck: WAZ-Druck, Duisburg

Inhaltsverzeichnis

Über den Autor

1938 in Berlin geboren, verschlug es mich im zarten Alter von 13 Jahren nach Usingen bei Frankfurt am Main – und das Heimweh hatte mich fest im Griff. Mein Vater schenkte dem Rotz und Blasen heulenden Buben einen Modellbaukasten, mit dem Erfolg, daß das, was als Ablenkung und Beschäftigungstherapie gedacht war, mich nun als Hobby ein Leben lang begleitet hat.

Nach dem Abitur folgte das Studium für das Lehramt in Physik und Chemie mit obligatorischer Philosophie bei Max Horkheimer. Seiner Meinung, der Mensch könne eigentlich nur zweimal entscheidend in sein Schicksal eingreifen, und zwar bei der Wahl des Berufs und des Ehepartners, möchte ich in aller Bescheidenheit noch ein drittes Element hinzufügen: die Wahl des Hobbys.

Die Referendarzeit in Usingen bot ein Erlebnis, das nicht jedem Menschen vergönnt ist, nämlich mit denselben Paukern, von denen man als Schüler getriezt wurde, als „Kollege" am Konferenztisch zu sitzen und, nun erwachsen, immer noch dieselbe Meinung über diese „Götter" zu haben ...

Der Herr Oberstudienrat zählt nun so ganz langsam auch schon zu den alten Knackern, aber es wäre jammerschade, wenn mich mein Humor und mein Hobby verlassen würden ... erst dann wäre ich ein alter, meckernder, intoleranter, nur in der Vergangenheit lebender Zausel.

Vorwort

Ein Flugmodell besteht normalerweise aus Tragfläche, Rumpf und Leitwerk, und es ist erstaunlich, daß sich ein Mensch, gleich welcher Verdienstklasse und Vorbildung, oft ein Leben lang immer wieder fasziniert damit beschäftigen kann, diese drei Gebilde aus den verschiedensten Materialien aufzubauen, zusammenzufügen und mit gehörigem Muffensausen in die Luft zu befördern.

Auch der Verfasser dieser Zeilen ist einer von diesen Verrückten. Auch wenn ich meinen Geburtsjahrgang zuvor nicht genannt hätte, könnte man mein Alter doch abschätzen, wenn ich Ihnen von meinen ersten Modellen berichte: „Der kleine Winkler", „AM 9","Pimpf", „Oskar Ursinus" und ähnliche Gebilde aus Sperrholz und Pergamentpapier, die heutzutage im Deutschen Muse-

Mit Vaters Modell: der Verfasser im Jahre 1945.

um in München zu belächeln oder ob ihrer filigranen Bauweise zu bewundern sind. Teilweise ist dort die Bespannung weggelassen, um den heutigen Schnellbaukünstlern mal zu zeigen, welche Meister der Laubsäge ihre Opas waren und oft noch sind.

Wohl dem Werktätigen, der sein Hobby ganz oder teilweise mit dem Beruf verbinden kann. Als Physiklehrer unterrichtete ich seltsamerweise allzuhäufig Aerodynamik, und dies (natürlich) mit praktischen Versuchen.

Wenn ich für jeden „kleinen Uhu", der durch meinen prüfenden Finger geglitten ist, eine Mark bekäme, könnte ich der Herstellerfirma eine Spende senden, um den inzwischen nicht mehr ganz so jugendfördernden Verkaufspreis zu senken.

Für die Primaner war der „Uhu" natürlich unter aller Würde. Oder glauben Sie vielleicht, daß heutzutage so ein langer Lackel die zwölf Kilometer von Usingen bis Bad Nauheim hinter seinem Freiflugsegler herhe-

Die Udets von morgen beim Wettbewerb „Der kleine Uhu"

cheln würde, voller Begeisterung, weil er so gut fliegt? So ist vor 15 Jahren der „Vesuv" entstanden, was als Abkürzung für „very experimental serial ultra variety" steht – man beachte: „serial" einerseits und „variety" andererseits!

Da ich (wahrscheinlich) einmal sehen wollte, was so ein Flugmodell in der Luft „fühlt", wurde die Pilotenlizenz erworben, und dann bauten wir den ersten Bausatz von Wolfgang Dallachs „Sunwheel", einem Ultra-

leichtdoppeldecker, mit dem wir uns momentan munter über dem Taunus tummeln. Dabei war der ewige Eiertanz zwischen Gewicht und Festigkeit Gesprächsthema Nummer eins, und ich habe sehr viel Wissen abgestaubt, auch wenn ich heute noch aus dem Schlaf emporschrecken werde, wenn mir jemand das Wort „Struktur" ins Ohr flüstert.

Der in Gruppenarbeit entstandene Ultraleicht „Sunwheel" von Wolfgang Dallach

Für wen wurde dieses Buch geschrieben?

Niemand sollte ein Vorhaben, gleich welcher Prämisse, mit einer negativen Aussage oder Denkweise beginnen. Dies gilt besonders für das Hobby, das ja theoretisch ausschließlich eitel Freude und Genugtuung bereiten soll.

Ich wage es trotzdem, weil es mir immer wieder Spaß macht, anders zu agieren und zu reagieren, als es die lieben (und ungeliebten) Mitmenschen von mir erwarten. Hier also, gleich zu Beginn, die Aufzählung all der Flugmodeller, an die sich dieses Buch nicht wendet. Es sind die Spezialisten unter uns, die dem Autor auf ihrem Gebiet weit überlegen sind und die Lektüre spätestens nach dieser Einleitung mit einem müden Abwinken beiseite legen: Wettbewerbsflieger, Nurflügelfreaks, „halsstarrige" Thermiksegler, Pylonracer, „Doppeldekker", Fesselflieger ... spätestens bei der Erwähnung der Saalflieger merken Sie, daß sich diese Aufzählung schier endlos fortsetzen ließe und in wieviel verschiedene Spezialgebiete unser Steckenpferd „Flugmodellbau" zerfleddert ist.

Nun aber ganz fix das Positive: Für wen stellt das Studieren dieses Fachbuches eine Bereicherung dar? Für wen bietet es das berühmte Aha-Erlebnis? Welcher Leser wird sich danach entschließen, diesen neuen Weg auch selbst einmal zu gehen? Es sind diejenigen unter uns, in denen beim „Zusammenbau" eines ARF-Modells (almost ready to fly – meist mit der Betonung auf „almost") oder auch Schnellbaukastens (ohne Betonung der Silbe „schnell") der Gedanken gekeimt ist: Das könntest du auch, oder sogar: Das könntest du besser.

Es sind die Leutchen, die sich über den Preis eines miesen Baukastens und dessen dürftigen Inhalt geärgert haben und trotz „Vollständigkeit" mehr Zeit zum Nachkauf von fehlenden oder mangelhaften Teilen im Modellbaugeschäft verbringen als in der

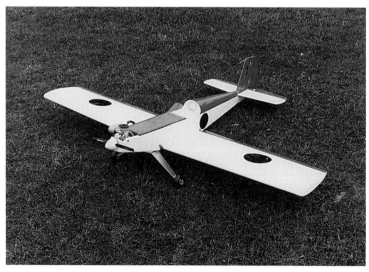

Die Nummer eins einer langen Entwicklung

Der „Vesuv II" beim Entwicklungsstand 1997

Werkstatt. Es sind auch Bauplanwerkler, falls ihnen dämmert, daß das Material für ihr Meisterwerk teurer ist als ein entsprechender Bausatz. Hauptsächlich deswegen, weil man vom Verschnitt, nach vielen Schäftungen, gut und gerne ein zweites Modell bauen könnte.

Und letztlich und wichtigstens sind es diejenigen unseres Hobbys, denen ganz einfach ein eigenes konstruktives Element fehlt, die den Mangel an eigenen Ideen in ihrem Prachtstück, das Knobeln und Tüfteln vermissen und die sich (und natürlich ihren Vereinskollegen) sagen können möchten: „Dieses Wunderwerk, diese Meisterleistung der Aerodynamik ist ganz, ganz alleine vom ersten Bleistiftstrich bis zur gerissenen Zweiunddreißigzeitenrolle auf meinem eigenen Mist gewachsen."

Eine Eigenkonstruktion soll es sein! Eine Eigenkonstruktion, die Spielraum für mit Sicherheit anfallende Verbesserungen läßt, die der eigenen Kreativität keine (außer einigen wenigen aerodynamischen) Beschränkung auferlegt. Wo der eigene Geschmack sich in Formgestaltung und Farbgebung austoben kann, wo man nicht verdauen und schlucken muß, was andere bereits vorgekaut haben. Wo man auch aus seinen Fehlern lernen kann und nicht bei jedem neuen Modell Bedenken und Herzkammerflimmern hat, ob die Kiste auch fliegt und wenn ja, ob sie nicht wie ein nasser Sack in der Luft hängt und so bald wie möglich unter „Vortatelung falscher Spielsachen" verscherbelt werden sollte.

Schließlich soll es eine Konstruktion sein, die mit kleinen Abwandlungen für möglichst viele Arten des Modellflugs geeignet ist, so daß man zwar die vorangegangenen Erfahrungen nützen kann, Stereotypie und Überdruß aber nicht aufkommen können.

11

Die Planung

„Vesuv I" und „Vesuv II"

Der „Vesuv I" ist inzwischen unzählige Male gebaut worden, und dieses ist bitte wörtlich zu verstehen, weil ich es wirklich nicht weiß. Er wurde von Schülern meiner Modellbaugruppen gebaut, als selbstgefertigter Baukasten nicht ganz uneigennützig verschenkt (ich wollte mal testen, wie andere Modellbauer beim Bau und in der Luft mit dieser Eigenkonstruktion klarkommen). Ich habe ihn als Rohbau verschenkt oder verhökert, je nach Sympathie. Von ihm gingen Seitenwände und Rippensätze über die (nicht vorhandene) Ladentheke ...

Der „Vesuv I" ist ein Motormodell für einen 6,5er Zweitakter mit symmetrischem NACA-0015-Profil und einer Spannweite von 1,50 m. Er weist eine verhältnismäßig große Flächentiefe auf, hat also bei relativ geringem Trapez einen großen Flächeninhalt. Weil sich das Budget (und die Zahlungswilligkeit) meiner Schutz- und Ausbildungsbefohlenen in sehr engen Grenzen bewegte, war

Das „firmeneigene" Logo (100 Stück 80,– DM)

Gut zu erkennen: die Geometrie des „Vesuv I".

bei der Planung dieses kleinen Kunstflugmodells sparen angesagt, und dies wiederum bedeutete: Materialeinteilung. Ich orientierte mich daher fast zu 100 Prozent an der üblichen Brettchengröße von 100×1.000 mm! Wie groß dürfen die Rumpfseiten sein, um mit zwei 5-mm-Brettchen auszukommen (einschließlich Rumpfboden)? Wie sollen die Rippen aussehen, um möglichst viele davon aus einem 1,5-mm-Brett mm zu ergattern? Das Holz wurde en gros bei der Firma Heerdegen (Bröckerweg 66, D-49082 Osnabrück) bestellt.

Wenn einige der Schüler und andere Anfänger das Fliegen auch nie gelernt haben, weil sie zwei linke Hände und daran nur Daumen hatten, so verstanden doch alle, was rationelles Arbeiten sowohl im Wirtschaftlichen als auch im Timing betrifft. Keiner von denen wird eine länger dauernde Klebung dort vornehmen, wo er in der Nähe etwas zu schleifen hat, sondern erst schleifen, dann kleben und dann ins Bett gehen oder in die Disco.

Der „Vesuv I" ist 1985 als eines der ersten Elektromodelle in unserem Verein geflogen – mit viel Mabuchi und nix Ampère – und hat bewiesen, daß er mit leicht vergrößerter Spannweite am Hang der Wasserkuppe sehr wohl seinem „Variety"-Namen gerecht wird.

Vom „Vesuv" bekommen sie von mir keinen Bauplan, nein, nein! Das wäre ja geschummelt. Ich möchte Sie doch zu einer Eigenkonstruktion anregen. Es gibt höchstens einen beispielhaften Aufriß als Diskussionshilfe und eine Rumpfansicht, um zu verstehen, wie es aussehen könnte – und natürlich Fotos.

Der „Vesuv II" ist etwas anders: Die Spannweite ist auf 1,80 m gewachsen, um vom 6,5er Viertakter bis zum 10er Zweitakter freie Entscheidung zu haben. Die Streckung ist größer, um durch Vergrößerung Seglerqualitäten (mit Abstrichen) zu erreichen (als Motorsegler allemal) oder durch Verkleinerung (clipped wing) voll kunstflugtauglich

zu sein. Das ganze Geschöpf ist schlanker im Wuchs und erinnert ein wenig an einen zu groß geratenen Pylonracer. Dafür belohnt mich der 10 cm schmale Rumpf mit Eleganz, guten Hangsegeleigenschaften und ... denken Sie mal an die gängige Balsabrettbreite!

Der „Vesuv II" hat jetzt ein lenkbares Spornrad, meist eine (von der Krick-Klemm 25 geklaute) Motorhaube und es wurde etwas mehr Zeit und Geld in die obere vordere Rumpfabdeckung investiert (Schichtbauweise). Man gönnt sich ja sonst nichts.

Auch habe ich mir frevelhafterweise mal bei der Firma Claus einen fertigen Flächensatz aus Styro-Balsa für 130,– DM anfertigen lassen, weil ich es eilig hatte, in die Luft zu kommen. Aber ich schwöre (vielleicht) ab jetzt (vielleicht) Besserung.

Geblieben ist allerdings die Bauweise (Never change a winning team!), und die wird, großes Ehrenwort, minuziös beschrieben.

Die Idee

Am Anfang schimmerte schon ein wenig von dem Anliegen hindurch, das den Verfasser an die Schreibmaschine führte: Zum einen möchte er den „Normalflieger" dazu anregen, es doch einmal mit einer Eigenkonstruktion zu versuchen und sich dafür die nötigen Kenntnisse zu erwerben, zum anderen soll darüber nachgedacht werden, ob es wirklich nötig ist, immer wieder aufs neue eine Helling zu vermessen und aufzubauen, immer zu spät zu bemerken, daß man selbst oder der Konstrukteur Mist gebaut hat. Ob nicht eine gewisse Serienproduktion ...

Vor diesem Wort habe ich mich schon seit der Planung dieses Fachbuches gefürchtet. Ich fühle direkt die erzürnten Leserbriefe auf mich zurauschen, die mir vorwerfen, unser schönes spartenreiches Hobby zu einer Fließbandarbeit verkommen lassen zu wollen, bei der man stereotyp ein Modell nach dem an-

Eine einsatzbereite „Vesuv"-Staffel

Das häßliche Wort „Serienproduktion" trifft hier ausnahmsweise einmal zu.

Serie oder Einzelstück ... so kann das Ergebnis aussehen.

deren und eines wie das andere zusammenkleistert.

Recht hätten diese Kritiker, wenn, ja wenn es mir nicht im weiteren Verlauf dieser Geschichte gelingen würde, bei der Erwähnung des Wortes „Serie" das vorangegangene „gewisse" in dermaßen schillernden Farben breitzuwalzen, daß Sie nach der Lektüre sofort zum Reißbrett stürzen und es einmal probieren wollen.

Einmal! Sehen Sie, kein Mensch auf der Welt zwingt Sie, nach Ihrer ersten eigenen Konstruktion nicht zur Tagesordnung überzugehen und mal was anderes zu bauen – ein zweiter Vorwurf, den der Autor auf sich zukommen sieht von Leuten, die es heute mal mit einem Delta und morgen mit einem Doppeldecker probieren und sich dann wundern, wenn sie auf keinem Gebiet der Modellfliegerei Erfahrung haben und letztlich nirgendwo richtig zu Hause sind.

Also mutig zur Sache: Wir ziehen uns die im nächsten Abschnitt aufgezeigten einfachen, aber unbedingt einzuhaltenden aerodynamischen Grundregeln rein und zeichnen die uns schön und zweckmäßig erscheinende Form von Rumpf, Fläche und Höhenleitwerk auf weißes Papier und schneiden sie aus. Anschließend schieben wir diese auf schwarzem Karton solange herum, bis „es paßt" (sowohl technisch als auch Ihrem Geschmack entsprechend).

Dies sind Ihre ersten Schablonen, und Sie werden dieses Zauberwort noch so oft lesen, daß es Ihnen (freudig) zu den Ohren rauskommt. Von diesen ... (Sie wissen schon) kupfern wir uns eine erste Zeichnung 1:5 und radieren und ändern und radieren ...

Es folgt der Bau eines „Modellmodells" 1:10 oder 1:5, auch zwei oder drei verschiedene, mit denen Sie dann Ihren Kollegen und Bekannten auf den Wecker gehen können. Zwanzig Augen sehen mehr als zwei, und andere Meinungen können auch dann nicht schaden, wenn man hinterher doch das macht, was man von Anfang an vorhatte.

Die Modellgeometrie

Wir hatten anfangs gesagt, daß ein normales Flugmodell aus Rumpf, Leitwerk und Fläche besteht. Aerodynamisch gesehen ist der Rumpf absolut überflüssig, ja als Ballast und Widerstand sogar störend. Viele Freiflugmodelle, sowohl Hochleistungssegler als auch der „kleine Uhu", haben auch gar keinen, sondern einen Stab oder ein Rohr als Leitwerksträger. Bei Deltas, Nurflügelmodellen und Schwanzlosen ist der Rumpf höchstens noch ein Aufbewahrungsort für die Fernsteuerung.

In der Praxis wollen wir den Rumpf aber beibehalten. Er gehört nun mal dazu, und irgendwo sollen ja die Piloten, Gestänge, Instrumente usw. untergebracht werden. Außerdem brauchen wir einen sogenannten Leitwerkshebelarm. Wir erkennen aber, daß seine äußere Form absolut keine Rolle spielt, wenn mit seinem Gewicht und Widerstand kein Schindluder getrieben wird.

Theoretisch ist das Leitwerk ebenfalls überflüssig, wenn wir durch andere Ideen dafür Sorge tragen, daß die Fläche mit einem bestimmten Anstellwinkel durch die Luft befördert wird – und so was gibt es tatsächlich: Vogelmodelle, Horten-Modelle und die oben aufgezählten.

Wir aber wollen mit unserer Eigenkonstruktion zwar experimentieren, jedoch keinen exotischen Experimentalflug betreiben. Daher behalten wir, nach der Erkenntnis seiner Überflüssigkeit, doch das Leitwerk bei, um das Schießpulver nicht noch einmal erfinden zu müssen.

Bleibt als einziges, theoretisch unverzichtbares Teil die Tragfläche. Übersehen wir hier einmal die aerodynamische Katastrophe des Brettflügels, so hat eine Fläche:

– einen Flächeninhalt,
– eine Streckung,
– einen Schwerpunkt,
– einen Auftriebsmittelpunkt,
– ein Profil und

– einen Anstellwinkel gegenüber der sie umströmenden Luft, der durch die Einstellwinkeldifferenz zwischen ihr und dem Höhenleitwerk erzwungen wird.

Soviel für Leute, die gerne in den Stichwortverzeichnissen von Fachbüchern blättern.

Da wir uns für unsere erste Eigenkonstruktion für ein NACA-Profil entscheiden wollen, können wir uns das Leben durch Faustformeln erleichtern.

Der Schwerpunkt eines Modells mit solchen Profilen sollte zwischen 1/4 und 1/3 der Flächentiefe liegen, zuerst lieber zu weit vorne, dann reagiert es sehr träge auf unsere Steuerbefehle. Peu à peu nehmen wir beim Einfliegen den CG (center of gravity) zurück und bemerken, daß unsere Konstruktion immer sensibler reagiert (bis zur Unsteuerbarkeit).

Der Einstellwinkel, genauer die Einstellwinkeldifferenz, zwischen Fläche und Höhenleitwerk sorgt dafür, daß das Profil im waagerechten Flug mit leicht positivem Anstellwinkel durch die Luft saust und dabei Auftrieb erfährt. Bei null Grad müßten wir immer etwas „ziehen", um waagerecht zu fliegen. Außerdem würde der Rumpf schräg nach oben geneigt durch die Luft gondeln (Weltkrieg I und davor). Also lassen wir den Winkel des Leitwerkes zum Rumpf bei null und stellen dafür den Flügel mit 3/4 bis 1 1/4 Grad an.

Wir merken uns vielleicht: Einstellwinkel geschieht in der Werkstatt, Anstellwinkel geschieht in der Luft.

Der Ausdruck „ziehen" bezieht sich übrigens nur auf den Steuerknüppel; in Wirklichkeit drücken wir ja, nämlich das Heck des Flugzeuges nach unten! Das können wir nur, wenn wir außer einer Kraft (der strömenden Luft) auch einen Hebelarm zur Verfügung haben: eben den Leitwerkshebelarm. Denn: Drehmoment = Kraft × Hebelarm.

Die strömende Luft bezieht ihre Kraft aus ihrer Geschwindigkeit und der Fläche, auf die sie trifft. Darum darf die Höhenleitwerks(dämpfungs)fläche nicht zu klein gewählt werden; Faustregel 18 bis 25% des Flächeninhaltes.

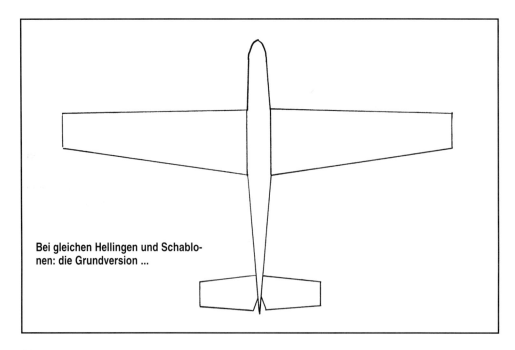

Bei gleichen Hellingen und Schablonen: die Grundversion ...

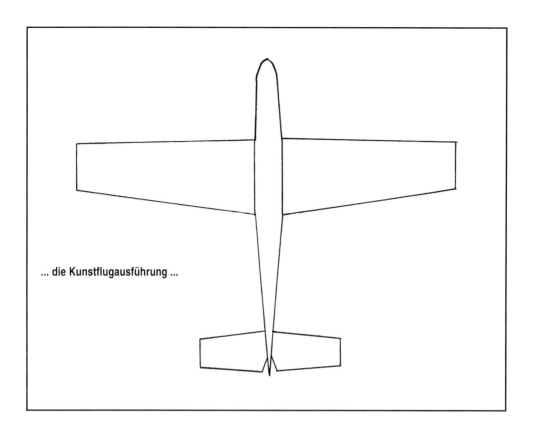

... die Kunstflugausführung ...

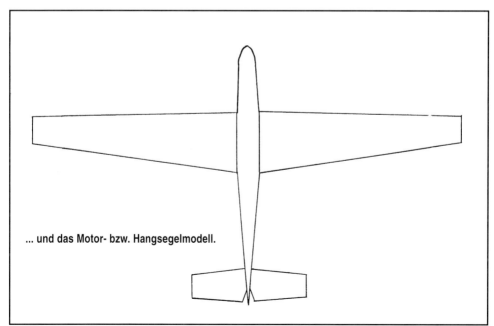

... und das Motor- bzw. Hangsegelmodell.

Der Hebelarm bewirkt die Empfindlichkeit des Modells. Pylonracer haben kurze Hebelarme um fix „die Kurve kratzen" zu können. Ist Ihnen schon mal aufgefallen, wie sich die Hebelarme im Motorkunstflug geändert haben vom RC I zum F3A und Wendefigurenprogramm?

Ein letzter Begriff sollte nicht unerwähnt bleiben, obwohl er mit der Modellgeometrie nur bedingt etwas zu tun hat: die Flächenbelastung. Sie gibt an, wieviel Pond Gewicht an unserer Tragfläche hängen, schön verteilt auf die (hoffentlich vielen) Quadratdezimeter Flächeninhalt, also p/dm².

Eine frühe Geometriestudie an einer fast fertigen „Super-Chipmunk"

Nehmen wir einmal an, daß Ihre Eigenkonstruktion startbereit 3 „Kilo" wiegt, also genauer 3.000 Pond, und z.B. einen Flächeninhalt von 50 dm² hat. Dann ist die Flächenbelastung 3.000 : 50 = 60 p/dm². Das ist ein ganz passabler Wert für ein Trainermodell, damit kann man leben. Je höher die Flächenbelastung, desto schneller fliegt die Kiste. So einfach wäre das, wenn da nicht einige Probleme beim Steuern, Starten (Katapult) und vor allem beim Landen auftauchen würden.

Ein Saalflugmodell kommt mit einem Wert von ca. 1/2 daher, und man muß im Schneckentempo an den Start gehen, damit der „Fahrtwind" es nicht zerbricht. Freifliegende Wettbewerbssegler pendeln so um die 16, wir turnen mit ca. 40 bis 80 durch die Gegend, und der Jumbo schleppt sich mit über 500 durch Lüfte – aber das ist schon nicht mehr Aerodynamik, sondern gehört eigentlich bereits in das Gebiet der Ballistik, oder?

Die Ästhetik

Ein Sprichwort sagt, daß sich über Geschmack nicht streiten läßt. Oh, oh, da bin ich aber ganz anderer Meinung. Im Lexikon steht: Ästhetik ist die Wissenschaft vom Schönen, und Sie wissen aus eigener Beobachtung, daß man sich eben genau darüber, wer oder was schön oder häßlich ist, trefflich und endlos streiten kann. Endlos deshalb, weil keiner der Kontrahenten irgendeinen Beweis für die Richtigkeit seiner Meinung antreten kann.

Auch ich werde mir eine Meinung gestatten. Aber ich bin (zum Glück) nicht der Papst, und wenn ein lieber Kollege seine Me 109 violett anpinselt, wird es mir mit Sicherheit gelingen, den Frostschauer, der meinen Körper durchrieselt, niederzukämpfen und keine Miene zu verziehen angesichts der freudigen Begeisterung des Unglücksraben über seine Hochglanzlackierung.

Die Eleganz eines Modells entsteht dadurch, daß notwendige Konstruktionslinien zwanglos der Gesamtform angepaßt sind. Angepaßt im Sinne der Gesamtform. Sie treten dort zutage, wo sie sich nicht verbergen lassen, und werden oft noch betont, zum Beispiel durch Zierleisten. Sie verschwinden, besser noch: sie tauchen dort ein, wo sie den Gesamteindruck stören. Ein übertriebenes Beispiel für den ersten Fall waren die Haifischflossen einiger Amischlitten in den 50er Jahren, der Porsche 356 steht für den zweiten Fall, der X1/9 ist wieder ganz typisch Fall eins.

Was heißt das für uns und was sind eigentlich diese Konstruktionslinien? Es sind meist gerade, aber auch gekrümmte Linien, die auf einer Aufbauhelling eingezeichnet sind und

Für den Leser aufgeklebte Hauptkonstruktionslinien

die dann jeweils als einzige im wahrsten Sinne des Wortes maßgebend, richtungsweisend und ausschlaggebend für eine zweckmäßige (und ästhetische) Konstruktion sind.

Dies ist bei einem Schiff die KWL, die Konstruktionswasserlinie. Auch Modellbaurümpfe haben eine solche Hauptlinie – selbst dann, wenn man sie bei einem GFK-Rumpf nicht mehr sieht, beim Bau der Urform war sie mit Sicherheit Bezugslinie! Für unseren Rumpf ist es eine deutliche Gerade (Filz-schreiber), die sich über die gesamte Länge des schmalen, aber exakt ebenen Baubrettes hinzieht. Beim „Vesuv" ist sie bei der Farbgestaltung teils durch Querbinden kaschiert, aber bei einigen auch durch eine Farbgrenze Ober - und Unterteil hervorgehoben. An ihr kann das Auge entlangwandern, sie fordert quasi zum Bezugnehmen auf. Nach ihr richten sich alle vertikalen Maße des Rumpfrückens, des Bodens und wichtigstens auch die Einstellwinkeldifferenz.

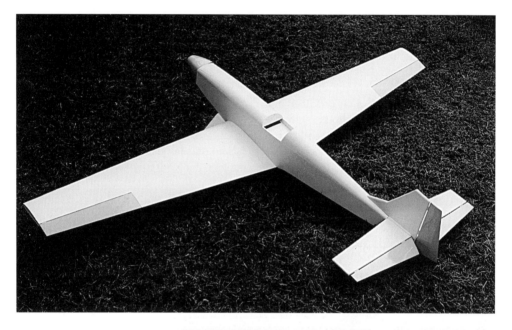

Man kann die Ruder als Konstruktionselemente farblich hervorheben.

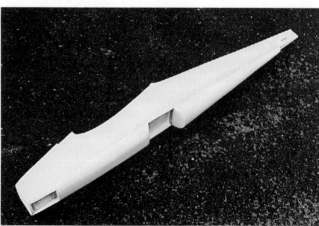

Die Farbgebung betont hier die Konstruktionslinie.

22

Bei der Fläche sollte die Konstruktionslinie nicht die Vorder- oder Hinterkante sein, sondern der Hauptholm, der übrigens bei den von uns verwendeten Profilen im vorderen Drittel der Tragflächentiefe liegt. Nach ihr richtet sich dann unter anderem die vordere Flügelbeplankung, im 1:1-Flugzeugbau bezeichnenderweise Torsionsnase genannt. Diese Linie sieht man bei vielen Flugzeugen auch noch nach der Bespannung (Klemm, Piper J3, Segelflug-Oldtimer) und stellt, gewollt oder nicht, ein Stilmerkmal dar, das durch falsche Wahl der Konstruktionslinie auch versaut werden kann.

Der Rumpf

Als kleiner Junge habe ich bei meinem ersten Segelflugzeug die Tragfläche mit der „spitzen" Seite (heute nenne ich es die Endleiste) in Flugrichtung nach vorn mit den Gummiringen auf den Dreiecksrumpf geschnallt – logisch, daß dies vom Konstruk-teur so geplant war, denn nur auf diese Weise wird im Flug die Luft gut „durchschnitten". Lachen Sie nicht, es dauerte einfach eine Weile, bis mir klarwurde, daß die berühmte Tropfenform den Strömungswiderstand herabsetzt.

Für den Rumpf unserer Eigenkonstruktion sollte also, bitte schön, auch die Stromlinienform gewählt werden, so genannt, weil nur diese in der Lage ist, die imaginären Stromlinien der Luft so zu teilen, daß sie ohne Wirbelbildung wieder hinter ihr zusammenströmen (laminare Strömung). Wirbel erzeugen Widerstand (turbulente Strömung), denn irgendeine Energie muß ja die Wirbel, die wir gar nicht wollen, erzeugen, und im Zeitalter der Energiesparmaßnahmen wollen wir uns nicht ausschließen, oder?

Von unserer Konstruktionslinie auf der Helling für die Aufsicht laufen also die Außenkonturen des Rumpfes vom Spinner hurtig los, streben in elegantem Bogen auseinander, erreichen ihren größten Abstand nach etwa einem Drittel ihres Weges und eilen in

Eine strömungsgünstige Rumpfform ist erstrebenswert.

fast zwei Geraden zu ihrem Rendezvous am Rumpfende. Dort trennt sie dann nur noch die Dicke des später hinzukommenden Seitenleitwerkes.

Auch die Seitenansicht nimmt ihren Bezug auf eine Gerade. Die Lage dieser Konstruktionslinie ist nicht ganz so dogmatisch vorzuschreiben, weil hier erstens der eigene Geschmack ins Spiel kommt und zweitens die schöne Stromlinienform unterbrochen wird. Ein eventuell herausragender Zylinderkopf des Motors, die Kabine, die Tragfläche und das Leitwerk zerhacken zwar unsere Idealform, sind aber leider unumgänglich und bieten einen gewaltigen ästhetischen Vorteil: Hier haben Sie endlich zum erstenmal die Möglichkeit, kreativ tätig zu werden, denn stellen Sie sich einmal einen Rumpf vor, der auch im Seitenriß Tropfenform hätte: grauslich, weil langweilig, nirgends ein Punkt oder eine Linie, an der sich das Auge festhalten kann, noch langweiliger als ein Zeppelin, der ja schließlich eine Gondel, ein Leitwerk und – hier haben wir wieder sichtbare, diesmal gekrümmte Konstruktionslinien – Stringer (Längsverbinder, Holme) aufzuweisen hat.

Vorschlagen könnte ich Ihnen eine Gerade, die an der Oberkante des Spinners beginnt und an der Unterkante der Kabinenöffnung vorbei zur Höhenleitwerksauflage verläuft. Das ist eine klare Angelegenheit und später auch bautechnisch leicht in die Tat umzusetzen, weil der Rumpf dann im ersten Bauabschnitt kopfüber auf dem ebenen Baubrett aufliegen kann, eine Tatsache, die nicht unterschätzt werden sollte und so alt und bewährt ist, daß sie schon die Neandertaler benutzt haben.

Die Tragfläche

Die Stromlinienform im Querschnitt des Flügels ist uns dankenswerterweise ja schon durch das Profil vorgegeben, daher braucht uns nur die sogenannte Flächengeometrie zu interessieren, d.h. die Draufsicht. Was gibt es denn da im Angebot?

Der Rechteckflügel: für Schulterdecker sehr häufig (auch im 1:1-Bau) praktiziert, ist aber für Tiefdecker m.E. eine optische Katastrophe. Er zeugt von Baufaulheit, von Sehnsucht nach „Blockschleifmethode" und vom Weg des geringsten Widerstandes. Aber das ist eine meiner Privatmeinungen, und wir leben ja in einer offenen Gesellschaft.

Der Trapezflügel (tapered wing): Hier verjüngt sich die Fläche von der Mitte zur Spitze; entweder in zwei Geraden oder mit einem Knick nach ca. zwei Drittel der Halbspannweite. Fürs erste möchte ich die einfache Trapezform vorschlagen. Auch hier sind die Rippen in Blockbauweise herstellbar, wie später gezeigt werden wird. Die klassische Form unendlich vieler Tiefdecker (Me 109).

Der elliptische Flügel (Spitfire, P 47 Thunderbolt): sehr bauaufwendig, da keine Möglichkeit zum Straken (das Ableiten einer Rippe aus der vorhergehenden). Auch wird die Mehrarbeit statt bewundert mit dämlichen Fragen und Assoziationen bedacht – zu Recht, wie ich finde.

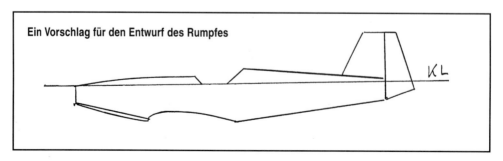

Ein Vorschlag für den Entwurf des Rumpfes

KL

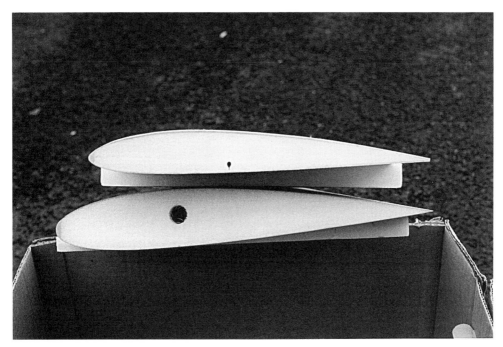

Die NACA-Profile 2412 und 2415 bei verschiedener Wurzeltiefe

Trapezflügel mit geringer Zuspitzung – Gewinn an Flächeninhalt!

Trapezfläche mit stärkerer Zuspitzung – dabei sollte der Konstrukteur nicht übertreiben!

Der Deltaflügel: gehört nicht hierher.

Wenn wir uns also in den Trapezflügel verbeißen sollten, sind noch drei Variationsmöglichkeiten teils ästhetischer, teils aber auch aerodynamischer Natur möglich, hier entfaltet sich nun die ganze „variety" (Vielfalt) des „Vesuv":

- die Zuspitzung: je extremer, desto kitzliger.
- die Streckung: das Verhältnis der Flügeltiefe (Breite) zur Spannweite. Je „ausladender" der Flügel, desto gutmütiger.
- die Pfeilung: je stärker (nach hinten) gepfeilt, desto richtungsstabiler.

Die Tatsache, daß ich urplötzlich in den Telegrammstil gefallen bin, zeigt Ihnen, daß Aerodynamik oft von Ästhetik nicht zu trennen ist.

Hier lasse ich Sie weitgehend im Stich, weil Sie eigentlich nichts falsch machen können, wenn Sie nicht in irgendein kurioses Extrem verfallen (Starfighter). Sind Ihnen die

Ein elliptische Tragfläche – gutmütig, aber schwer zu bauen.

Streckung und die Spannweite zu groß geraten, dann nennen Sie das Gebilde einfach Motorsegler und haben allen Kritikern das Maul gestopft.

Allerdings vielleicht noch eine kleine Anmerkung zum Leitwerk: Wir sind uns doch hoffentlich darüber im klaren, daß die Geometrie der Fläche sowohl im Seitenleitwerk als auch besonders im Höhenleitwerk zwar nicht identisch (kongruent) zu sein braucht, daß aber das Auge eine Ähnlichkeit, einen ästhetischen Zusammenhang wahrnehmen können muß, oder?

Die Größe des Modells

Einmal habe ich den „Vesuv I" von 1,5 m auf 1,8 m maßstäblich vergrößert – wohlgemerkt, nicht nur die Spannweite, sondern alles. Ich war doch recht verblüfft, zu welch einem Trumm die „Vergrößerung" (falsch!) von nur 30 cm „Spannweite" (auch falsch!) geführt hat.

Bevor Sie sich mit der Größe des Grundmodells befassen, lösen Sie doch bitte einmal folgende Aufgabe aus der Quartaneraufnahmeprüfung: Um wieviel Mal größer wird das Volumen eines Würfels, wenn man alle Seitenlängen verdoppelt? Die Antwort wird Sie verblüffen!

Man sollte in einem vernünftigen Rahmen bleiben, weil man ja weder einen Rekord für das kleinste Modell aufstellen will noch ein Großmodell seriell und variabel herausbringen möchte, es sei denn, man ist Fabrikant („Airfish"?).

Wenn Sie sich an die beispielhaften 1,8 m Spannweite halten sollten, steht Ihnen eine

„Vesuv" mit 1,50 bzw. 1,80 m Spannweite – was „nur" 30 cm doch ausmachen!

27

weite Palette vom Langohr (ein Wettbewerbssegler 1:1) bis zum Hotdogger bei gleichen Hellingen zur Verfügung. In Verbindung mit unterschiedlichen Materialien, verschiedener Mimikry (Motor- und Kabinenhaube), Randbogen, Profilen, Fahrwerken und nicht zu vergessen der ideenreichen Farbgebung würde Ihnen ein Modellbauleben nicht ausreichen, aber das wäre dann doch ein wenig zu dick aufgetragen, dies muß selbst der Verfasser widerwillig zugeben.

Ach ja, beinahe hätte ich die Lösung der kleinen Aufgabe nicht genannt: Nein, nicht sechs! $2 \times 2 \times 2 = 8$!

Ein Modell vom Modell

Der Mensch ist von Natur aus darauf trainiert, die Dinge seiner Umgebung dreidimensional zu erfassen. Dafür hat er zwei Augen, die ihm zwei verschiedene Bilder auf die Netzhaut projizieren, die im Gehirn zu einem plastischen Bild verarbeitet werden. Kleinkinder können dies noch nicht, sie müssen die Gegenstände „begreifen", mit den Händen und dem Mund!

Darum fällt es auch ausgebufften Architekten sehr schwer, dem Bauherren die einmalige Schönheit ihres Eigenheimentwurfs zu demonstrieren, weil beide nicht hinreichend in der Lage sind, eine Ebene (Bauplan) in einen Körper (Haus) umzusetzen. Daher retten sie sich mit einem Modell, meist mit abnehmbaren Dach, und fuhrwerken mit dem Kugelschreiber in den Räumen herum, denn selbst eine Dreiseitenansicht hilft nur ausgebildetem Vorstellungsvermögen ein wenig auf die Sprünge.

Da es vom „Vesuv" unverständlicherweise kein Plastikmodell zu kaufen gibt, rate ich Ihnen dringend, sich ein kleines Modell aus Balsaholz zu schnitzen: ein Modell vom Modell! Da wir die Flächen und das Leitwerk nur an den Rumpf anstecken, können wir jederzeit nach Herzenslust an diesen drei Kom-

Zeichnung und Kleinmodell: So entsteht langsam eine Vorstellung vom späteren Meisterwerk.

36 cm Spannweite und eine hervorragende Diskussionsgrundlage

ponenten herumexperimentieren, immer unter der Voraussetzung, daß die im Abschnitt Modellgeometrie genannten aerodynamischen Voraussetzungen weitestgehend erhalten bleiben.

In keinem Absatz dieses Buches bin ich mir so sicher wie an dieser Stelle, daß Sie diesen Vorschlag aufnehmen werden und das Modellchen, wenn es seine vorerst endgültige Fassung erlangt hat, abends auf dem Fernseher, nachts auf dem Nachttisch und am Wochenende auf dem Vereinstisch stehen haben, den Autor dieses Vorschlages lobpreisend.

Die Vorteile auf einen Blick:

1. Man kann die Formgebung „begreifen".
2. Man vermag die Auswirkungen von Veränderungen eines Teils auf die anderen zu „erfassen".
3. Die Konstruktion kann auch mit Leuten diskutiert werden, die Ihnen zwar auf allen modelltechnischen Gebieten haushoch überlegen sind, leider aber das dreidimensionale Vorstellungsvermögen einer Amöbe haben.

4. Außerdem ist diese Verkleinerung hervorragend zur probeweisen Farbgestaltung geeignet – nicht jedes „Dekor" paßt zu jeder Formgebung, aber darüber haben wir uns ja schon im Abschnitt „Ästhetik" gestritten.

Das Profil

Je fortgeschrittener die Modellbauer an einem Stammtisch sind, desto mehr verlagert sich das Gesprächsthema auf Gebiete, die eigentlich nur den Wettbewerbsflieger interessieren dürften. Man braucht nun nur noch die Zeit für höchstens fünf bis sechs Biere abzuwarten, und, haste nich jesehen, sind die Erfinder des Schießpulvers beim Thema „Profil" angekommen ... und was fliegen diese Heinis? Baukastenprofile!

Anfängermotormodellhersteller glauben seit tausend Jahren, nicht auf das „bewährte" Clark Y verzichten zu können, ganz mutige nehmen das Clark Y mod (modifiziert). Dazu darf ich, nach langen Seiten Theorie, bitte mal wieder ein persönliches Erlebnis aus neuester Zeit einflechten, ich mache es auch kurz: Obwohl ich nur ganz einfachen Kunstflug beherrsche (und damit vollkommen zufrieden durch die Gegend karriole), habe ich mich im 1:1-Aero-Club-Butzbach zum Modellfluglehrer für Anfänger aufgeschwungen.

Nach einigen teuren Erfahrungen haben wir das Anfängermodell „Bingo" gebaut ... und dann wurde es für die Schüler (und für mich) noch furchtbarer: viel zu klein für ein Anfängermodell, windempfindlich, ein kleiner 3,5er, keine guten Drosseleigenschaften, beim kleinsten Gasgeben steigen wie verrückt (Clark Y) und ist auch mit immer größer werdendem Motorsturz nicht davon abzubringen. Bodenstarts? Ach du meine Güte!

Wir wollten ja eigentlich nach dem Start(versuch) auch noch fliegen. Landeübungen: Lehrer befiehlt stetiges Sinken, im Endanflug ja nicht mehr steigen, will es vormachen, Bö, Modell zu leicht, Stall, Lehrer bis auf die Knochen blamiert. Die Lehrer an Modellflugschulen wissen schon, warum Spannweiten um 1,80 m und NACA-Profile für Schüler gut sind!

Solange unsere Eigenkonstruktion motorisiert ist, empfehle ich Ihnen das NACA-Profil. Das ist mit Sicherheit keine umwerfende Neuigkeit, und das ist auch gut so!

Je dicker ein solches NACA ist, desto gutmütiger (und langsamer) verhält sich das Flugmodell. Ein ungewollter Strömungsabriß ist nur von einem Idioten herbeizuführen, der beim Briefing nicht zugehört hat: Geschwindigkeit ist Leben! Dann nimmt die Kiste mit ca. zwei Grad Schränkung die Nase nach unten, nimmt Fahrt auf und außer der Meckerei vom Herrn Fluglehrer ist nix passiert.

NACA 0015 (oben) und NACA 0017 bei verschiedener Wurzeltiefe

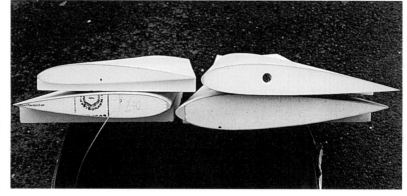

NACA-Profile 2412 (oben links), 2415 (oben rechts), 0015 (unten links) und 0017 (unten rechts)

NACA 0015: ein symmetrisches Profil mit 15% Dicke, d.h., bei einer Flächentiefe von z.B. 300 mm ist es an der dicksten Stelle 45 mm dick (Rückenflug!).

NACA 0009: dito mit 9% Dicke. Dies wird gerne für Höhen- und Seitenleitwerke benutzt von Leuten, denen die ebene Platte nicht (mehr) gut genug ist.

NACA 2415: das Allerweltsprofil im Flugzeugbau, egal ob Modell oder manntragend; halbsymmetrisch.

NACA 2412: für etwas schnellere Jungs mit guter Reaktion.

Nun, ich werde mich nicht in die Stammtischdiskussion reinhängen: Nehmen Sie für den Anfang das NACA 2415!

NACA 0009

X	Y_o	Y_u
○	○	○
1,25	1,42	−1,42
2,5	1,96	−1,96
5	2,67	−2,67
7,5	3,15	−3,15
10	3,51	−3,51
15	4,01	−4,01
20	4,3	−4,3
30	4,5	−4,5
40	4,35	−4,35
50	3,97	−3,97
60	3,42	−3,42
70	2,75	−2,75
80	1,97	−1,97
90	1,09	−1,09
95	0,6	−0,6
100	0,1	−0,1

NACA 0015

X	Y_o	Y_u
0	0	0
1,25	2,367	−2,367
2,5	3,268	−3,268
5,0	4,443	−4,443
7,5	5,250	−5,250
10	5,853	−5,853
15	6,681	−6,681
20	7,172	−7,172
25	7,427	−7,427
30	7,502	−7,502
40	7,254	−7,254
50	6,618	−6,618
60	5,704	−5,704
70	4,580	−4,580
80	3,279	−3,279
90	1,810	−1,810
95	1,008	−1,008
100	(0,158)	−(0,158)
100	0	0

NACA 0017

X	Y_o	Y_u
0	0	0
1,25	2,683	−2,683
2,5	3,704	−3,704
5,0	5,036	−5,036
7,5	5,950	−5,950
10	6,634	−6,634
15	7,573	−7,573
20	8,128	−8,128
25	8,417	−8,417
30	8,503	−8,503
40	8,221	−8,221
50	7,500	−7,500
60	6,465	−6,465
70	5,191	−5,191
80	3,716	−3,716
90	2,051	−2,051
95	1,143	−1,143
100	(0,179)	−(0,179)
100	0	0

NACA 2415

X	Y_o	X	Y_u
0	....	0	0
1,25	2,71	1,25	−2,06
2,5	3,71	2,5	−2,86
5,0	5,07	5,0	−3,84
7,5	6,06	7,5	−4,47
10	6,83	10	−4,90
15	7,97	15	−5,42
20	8,70	20	−5,66
25	9,17	25	−5,70
30	9,38	30	−5,62
40	9,25	40	−5,25
50	8,57	50	−4,67
60	7,50	60	−3,90
70	6,10	70	−3,05
80	4,41	80	−2,15
90	2,45	90	−1,17
95	1,34	95	−0,68
100	(0,16)	100	(−0,16)
100	....	100	0

Die Koordinaten der besprochenen Profile

Der Tangens

Bei unserer Eigenkonstruktion werden wir ein paarmal in die Verlegenheit kommen, kleine Winkel messen und abtragen zu müssen. Wieso Verlegenheit, werden Sie fragen, wir legen einen Winkelmesser an und fertig ist die Kiste.

Diese leichtfertige Ansicht mag für „normale" Winkel (30, 45, 90 Grad) auch in Ordnung gehen, wie ist es aber mit 1,5 Grad Einstellwinkel über eine Strecke von knapp einem Meter zwischen Höhenleitwerk und Tragfläche, und das mit einem Winkelmesser von vielleicht 70 mm Schenkellänge? Schöner großer Schulwinkelmesser? Zu ungenau! Wenn Sie mit einem Laser nach der Mitte des Mondes zielen (mittlere Entfernung ca. 300.000 km) und „schießen" um nur 1 Grad daneben, dann rauscht der kleine Punkt 5.000 km am Mond vorbei, anstatt den Spiegel zu treffen, den Neil Armstrong auf dem Erdtrabanten hinterlassen hat.

Eine wichtige Hilfe sind hier die sogenannten Winkelfunktionen, mit denen man (im rechtwinkligen Dreieck) die Winkel durch Strecken ersetzen kann und seien sie auch noch so lang. Im Gegenteil: Je länger, desto genauer! Lesen sie mal im Mathebuch 10te Klasse nach, das könnte im Gegensatz zur damaligen Quälerei plötzlich interessant sein.

Von Sinus, Cosinus, Tangens und Cotangens schnappen wir uns heute mal in aller Ruhe den Tangens heraus. Wie war das gleich? Tangens alpha gleich Gegenkathete durch Ankathete. Diese Winkelfunktion hat den Vorteil, daß wir uns „im" rechten Winkel des Dreiecks „aufhalten" und die Hypotenuse vollkommen entfällt. Also: tan alpha = a : b, oder für unsere Zwecke: a = tan alpha × b. Wenn wir jetzt einen Einstellwinkel von 1,5 Grad brauchen bei einer Entfernung von einem Meter, dann wird die Sache ganz einfach und vor allem genau:

$a = \tan 1,5° \times 1$ m
$a = 0,026 \times 1.000$ mm
$a = 26$ mm

Die Vorderkante der Fläche muß also 26 mm nach oben zeigen, wenn das Höhenleitwerk null Grad (zur Rumpflängsachse) hat, denn wir wollen ja, daß unser Flugmodell bei waagerechtem Flug auch waagerecht in der Luft liegt, gelle?

Das war keineswegs immer so: Meine SE 5a aus dem Ersten Weltkrieg mit ihrem Vogelprofil (extreme Innenwölbung des Profils) fliegt mit einem negativen (!) Einstellwinkel des Höhenleitwerkes von sage und schreibe vier Grad.

Hier nun noch einige für uns relevante Werte des Tangens für kleine Winkel, falls kein vornehmer Taschenrechner zur Hand (sonst fallen sie doch noch Ihrem alten Mathelehrer auf den Wecker):

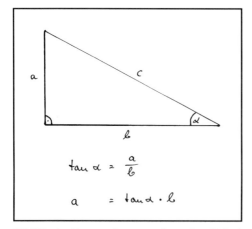

Mit Hilfe des Tangens kann man (vor allem kleine) Winkel genauestens vermessen.

alpha (in Grad)	tan alpha
0,5	0,008
1,0	0,017
1,5	0,026
2,0	0,035
3,0	0,052
4,0	0,069

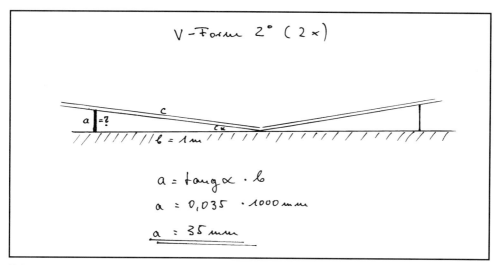

V-Form 2° (2×)

c

a = ?

ℓ = 1 m

c_x

$a = tang\, \alpha \cdot ℓ$

$a = 0,035 \cdot 1000\ mm$

$\underline{a = 35\ mm}$

Neben dem Textbeispiel hier noch ein zweites zur gefl. Benutzung des Tangens

Es ist wirklich leichter, als es sich liest, wenn man es so überraschend vor den Latz geknallt bekommt. Sie brauchen sich nur für Ihren Fall eine kleine Handskizze mit den entsprechenden Maßen anzufertigen, darauf zu achten, wo der rechte Winkel sitzt, und schon sind Sie Herr über Motorstürze, Einstellwinkel und V-Formen.

Der Bedienungskomfort

Da unser erstes Modell mit Sicherheit noch nicht die bis ins letzte ausgereifte Konstruktion sein wird, sollten wir uns einige Hintertürchen offenlassen, die Variationen und Verbesserungen zwanglos ermöglichen. Auch muß für den Anfang die Bedienungsfreundlichkeit einen nicht zu geringen Stellenwert einnehmen.

Folgende Punkte kann der Konstrukteur also einmal unter die Lupe nehmen:

Die ersten Probeflüge sollen getrost einmal ohne Motorhaube erfolgen. Das tut der Aerodynamik keinen allzu umwerfenden Abbruch, und man kann den Motorsturz bzw. -seitenzug bequemer verändern. Außerdem ist das Anwerfen eines Motors unter anderem auch eine Routineangelegenheit, was Ansaugen, Düsennadeleinstellung, Tankhöhe und Leerlaufeinstellung betrifft. Da hat jedes dieser feinmechanischen Wunderwerke seinen eigenen Charakter, und ein guter Pilot „kennt" seinen Motor. Wie oft haben Sie schon beobachtet, daß nach einigen vergeblichen Bemühungen als erstes die Haube entfernt wurde, um sich der Sache etwas intensiver widmen zu können? Und wenn sich dann herausstellt, daß etwas geändert werden muß, ist die Motorhaube nur noch Sondermüll.

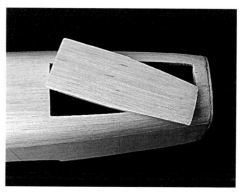

Ein geräumiger Tankdeckel sorgt für guten Zugang zur Motorbefestigung, zum Drosselgestänge, zur Empfängerbatterie und auch zum Tank.

Hinter den Motorspant sollte man einen komfortablen Tankdeckel im Rumpfoberteil vorsehen. Dies erleichtert das Verändern der Tankhöhe und das Überprüfen der Spritzufuhr (unserem Herrn Vorsitzenden ist es z.B. gelungen, statt den Tank den Rumpf zu füllen).

Das Fahrwerk wird bei jedem Modell abschraubbar befestigt. Dann kann man es auswechseln und am heimischen Amboß wieder richten, wenn einem wieder einmal eine „Punktlandung" geglückt ist. Auch das ist ein Vorteil der quasi seriellen Bauweise.

Die Gabelköpfe müssen von außen verstellbar sein, damit man nicht jedesmal die Fläche entfernen muß, um an die „quick links" im Inneren heranzukommen. Feine Trimmkorrekturen sind dann in Windeseile erledigt, beim nächsten Start stehen die Trimmhebel am Sender wieder neutral und sind für neue Verstellungen auf dem ganzen Trimmweg stand by.

So könnte man noch viele, viele Kleinigkeiten aufzählen, die den Flugbetrieb müheloser gestalten, aber das wäre dann doch zuviel des Guten – Sie sollen ja konstruieren, nicht ich!

Die Durchführung

Das Arbeitsheft

Mir schwant dunkel, daß Ihnen schon die Überschrift Bauchschmerzen bereitet: Arbeit klingt nach Arbeit, Heft klingt nach Schule und beides klingt nicht gut. Aber gemach, ich meine es wirklich nur gut. Zwar werden diese Zeilen nicht jedem einleuchten und den restlichen erst später, aber wenn Sie wirklich am Ball bleiben und Ihr Modell von Seriennummer 001 bis 00x verfeinern, werden Sie mir dankbar sein, von Anbeginn Ihres Vorhabens ein Arbeitsbuch geführt zu haben.

Da ist zuerst der Tagebuchcharakter. Viele von uns würden sich wünschen, aus einer bestimmten Zeitspanne ihres Lebens ein paar Notizen zu besitzen, um einmal nachschlagen zu können, ob ... und wann ... wer ... usw. Dieses Vorhaben, eine Eigenkonstruktion zu entwerfen und weiterzuentwickeln, ist ein solch kleiner Abschnitt Ihres Lebens.

Außerdem stehen in diesem Heft wichtige, das Thema betreffende Adressen und Telefonnummern. Wie war ich mit der und der Firma zufrieden? War sie pünktlich? Für wann hat Fritz mir versprochen, das Fahrwerk hartzulöten?

Rechnungen (bezahlt oder auch nicht) gehören ebenfalls mit hinein. Diese allein stellen schon ein Tagebuch dar und geben Aufschluß über die Bastelkasse im allgemeinen und den materiellen Wert diesen oder jenen Modells im besonderen.

Bemerkungen über Verkäufe oder „Verleihungen" von Modellen oder Teilen davon sind wichtig. Wie ist der Fritz, wie der Horst mit meiner Eigenkonstruktion beim Bau und beim Fliegen klargekommen? Welchen Rang besitzt also mein Modell im Kreise der lieben Sportsfreunde?

Die Zeit! Über ihre Relativität haben sich nicht nur Einstein und viele Philosophen den Kopf zerbrochen, auch wir bemerken, daß dieses Aas bei angenehmer Betätigung „im Sauseschritt" verfliegt, während es bei jeglicher Art von Warterei einfach nicht von der Stelle kriechen will. Eine laufende Zeitkontrolle bei unserer Bastelei soll um Himmelswillen nicht zur Hast führen, schließlich sind wir ja beim Hobby und nicht auf der Flucht. Nein, aber es ermöglicht uns im nachhinein, sich und anderen Interessierten Auskunft zu geben über den vermutlichen Zeitaufwand für den Rohbau bis zu dem und dem Stadium, für das Schleifen eines Rippenblocks, für das Installieren der Fernsteuerung usw. usw.

Und zum Schluß das Wichtigste: Notieren Sie sich Arbeitsabläufe. Halten Sie schriftlich fest, daß es z.B. großer Unsinn ist, die Flächenhälften erst zusammenzufügen, obwohl die Schleifarbeit an jeder einzelnen noch nicht beendet ist, weil man sich mit dem nun sperrigen Gebilde das Leben doppelt schwer macht und dauernd Macken in die Oberfläche haut. Sosehr es einen auch juckt, das entstehende Werk schon mal als ganzes erblicken zu können, gehen doch einige Arbeiten eindeutig vor. Die Bowdenzüge gehören nun einmal erst in den Rumpf, bevor man ihn durch das Oberteil endgültig verschließt.

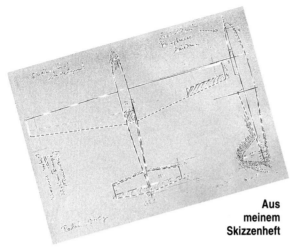

Ein ganz schlimmes Beispiel gefällig? Hier bitte: 1. Flächenhälften fix und fertig; 2. Fläche zusammenfügen; 3. Kopfspant anleimen; 4. Flächendübel setzen; 5. Fläche in den Rumpf integrieren; 6. eventuell Fahrwerk montieren – und das alles, um endlich den vorderen Rumpfboden ankleben und verschleifen zu können!

Selbstverständlich kann man es auch anders machen, und bei fertigen Epoxyrümpfen ist es auch gar nicht anders möglich. Bleibt die Frage (im Arbeitsheft!), ob es sinnvoll ist, sich das Leben schwer zu machen, oder reizvoll, „gegen den Stachel zu löcken".

Eine Briefwaage in der Werkstatt macht ganz automatisch einen Fummler zum Bastler. Ein Modellkonstrukteur ohne ein solches Requisit ist ein Ding der Unmöglichkeit. Der regelmäßige Gang zur Waage wird Ihnen bald in Fleisch und Blut übergehen, dessen bin ich mir ganz sicher. Ebenso sicher ist, daß Sie das Arbeitsheft, in dem alle Gewichte fein säuberlich eingetragen werden, bald gar nicht mehr so hassenswert empfinden werden.

Die Helling

Jetzt kommt der Knüller: Gleichgültig, wie verschieden unsere späteren Konstruktionen ausfallen werden, wir bauen klug und listig ein einziges Mal je eine Helling für Fläche und Rumpf und haken diesen Fall ein für allemal ab. Dabei sind natürlich ein paar vorhergehende Überlegungen nicht überflüssig.

Beim Baumarkt lassen wir uns ca. 2 cm starke Spanplatten zurechtschneiden, die mit (weißem) Resopal beschichtet sind. Diese müssen gerade sein, ganz gerade, noch gerader und bleiben bei sachgemäßer Lagerung auch gerade. Wem das ein wenig zu unsicher erscheint, schraubt von unten T-Profile längs oder vergreift sich an den (erheblich teuren) Einbauküchenbrettern.

Auf die Rumpfhelling ziehen wir erst mal eine schöne Mittellinie mit rotem Filzschreiber, mit schwarzem zwei dazu parallele Linien im Abstand der größten Rumpfdicke. Dann schrauben wir zwei Viereckleisten (ca. 15×15 mm) auf, die von der ganzen Breite, ungefähr in der Tragflächenmitte, zum Rumpfende hin keilförmig zusammenlaufen und am Ende mit der doppelten Wandbreite auseinanderliegen.

Die (verstellbare) Rumpfhelling für alle (!) Fälle

Eine klappbare zweiteilige Helling für die beiden Flächenhälften

Die Flächenhelling besteht aus zwei Hälften mit der Länge der größten zu erwartenden Halbspannweite. Die Breite ist die Flächentiefe plus zweimal der Breite von Scharnieren, mit denen wir die beiden Hellinghälften später zusammenschrauben werden, wenn die Flügelhälften fertig sind (auf der einen trocknet der Kleber still vor sich hin, während an der anderen munter gewerkelt wird). Auf diese Bretter zeichnen wir die Lage des Hauptholmes mit Filzschreiber und die Rip-

Oben der Hauptholm; darunter die Stützleiste für Profile mit gewölbter Unterseite

penabstände mit Bleistift auf. Bei einer Variation kann man so nämlich den Filzschreiber mit Wasser oder Alkohol abwaschen und die Rippenlinien bleiben uns erhalten.

Sie wissen bestimmt, daß manche Baukastenrippen mit gewölbter Unterseite Stützfüßchen für einen geraden Aufbau auf einer Ebene haben, die später abgeschnitten werden. Im Stanzverfahren mag das ja noch angehen, ich möchte solche Rippen nicht herstellen müssen. Darum wird nach der inneren und der äußersten Musterrippe eine Leiste aufgeschraubt, die alle Rippen soldatisch ausrichtet (nicht kleben, denn wir wollen ja variabel bleiben).

Auch die Leitwerkskonstruktion zeichnen wir direkt auf kleine Resopalspanplatten, denn – fast hätte ich es vergessen, Abdeckfolie entfällt – das Resopal nimmt keinen Uhu an!

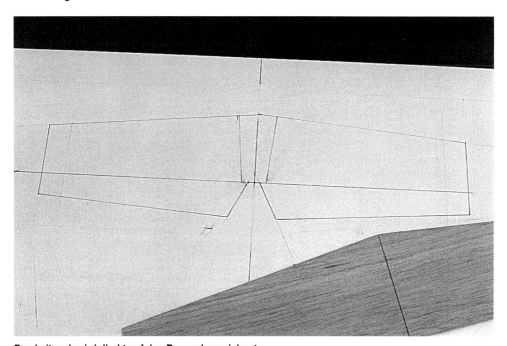

Das Leitwerk wird direkt auf das Resopal gezeichnet.

Der Rumpfbau

Der Rumpf setzt sich aus sieben Komponenten zusammen:

1. den Seitenteilen (zwei senkrecht stehende Wände)
2. den Verstärkungsbrettchen der Seitenteile
3. dem Rumpfoberteil vor der Kabine (und Fläche)
4. dem Rumpfoberteil hinter der Kabine (und Fläche)
5. dem Rumpfunterteil vor der Fläche
6. dem Rumpfunterteil hinter der Fläche
7. den vier Spanten

Als erstes fertigen wir uns eine Schablone für die Seitenwände aus ca. 3 mm starkem billigem Birkensperrholz. Das werden wir in der von uns benötigten Länge nicht im Modellbaugeschäft bekommen. Im Baumarkt oder in einem Holzfachgeschäft ist es größer und billiger, ja vielleicht als Schnittrest abzustauben. Außerdem kann man sich dort gleich Streifen der gewünschten Breite zuschneiden lassen, denn eine durchgehende gerade Kante brauchen wir auf alle Fälle. Sie ist nämlich die Konstruktionslinie für den Rumpf.

Ich würde mal behaupten, daß diese Seitenteile mit Abstand die wichtigsten am gan-

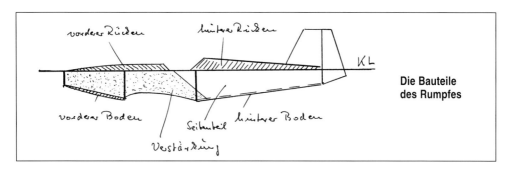

Die Bauteile
des Rumpfes

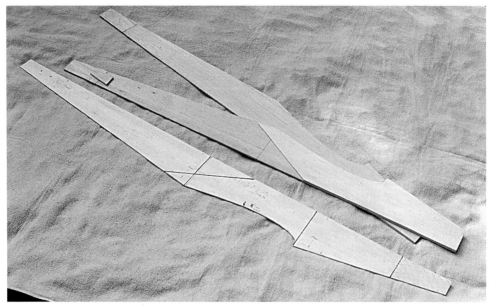

Unten die Schablone für die Rumpfseitenwände, oben zwei vorbereitete Seitenwände mit Verstärkungen im vorderen Teil.

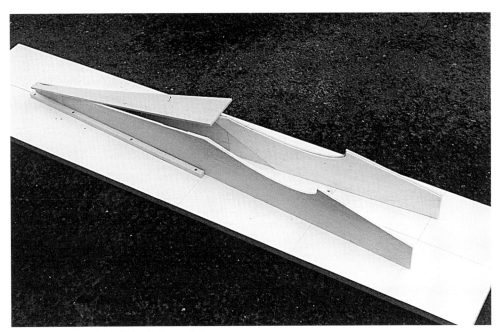

So wird der Rumpf mit Sicherheit gerade!

zen Modell sind. Sie legen den Leitwerkshebelarm, den Einstellwinkel, die Höhe des Kopfspantes (Motorträger) und zum Teil auch die gesamte Länge und Halbhöhe des Rumpfes fest. Bei der Anfertigung dieser Sperrholzschablone wird also nicht geschlampt!

Mit einem Anschlagwinkel werden senkrechte (!) Linien für die Spanten unmittelbar vor und hinter der Tragfläche eingezeichnet. Dazwischen markiert man, je nach gewähltem Profil, mit einer Rippenschablone den Ausschnitt für den Flügel. Dafür brauchen wir eine Musterrippe von derjenigen Stelle der Flächentiefe, wo diese die Seitenwände berühren wird. Sie kann bei starker Trapezform nämlich gut und gerne ein Zentimeterchen kleiner sein als an der Wurzelrippe!

Die Profilsehne auf unserer Rippenschablone ist das wichtige Hilfsmittel zur Bestimmung des Einstellwinkels, der an dieser Stelle natürlich zu berücksichtigen ist. Bei den von uns benutzten Profilen sind 1,5 Grad das Gelbe vom Ei, und es ist jetzt ein Hochgenuß, das aufgefrischte Wissen um den Tan-

gens mit voller Breitseite einsetzen zu dürfen.

Vor und hinter dem Flächenausschnitt geht es jeweils in einer geraden Linie aufwärts zum Kopfspant bzw. zum Schwanz. Über das Maß dieser Verjüngung haben Sie ja schon in langen Entwurfstudien und am Kleinmodell nachgedacht.

Fertig ist die Schablone, die wir jetzt mit zwei, aber auch vier oder gar sechs Brettchen aus 4-, 5- oder 6-mm-Balsaholz zu einem Stapel zusammenfügen (Tesakrepp oder nageln) und en bloc auf einer Band- oder Kreissäge schneiden (lassen). Dann haben wir in einem Arbeitsgang das fertige Material für mehrere Rümpfe. auch gleich mit den Verstärkungen aus 3-mm-Birkensperrholz, wenn Sie klug geschichtet haben. Das meine ich mit Serie!

Wenn man sich die Option auf ein anderes Profil beim zweiten Modell nicht nehmen lassen will, sägt man die Ausschnitte für die Fläche nur in zwei Seitenteile und legt die anderen jungfräulich beiseite für spätere Taten.

Die zwei Seiten werden jetzt senkrecht zwischen die Leisten der Helling geschoben und (eventuell mit leichter Fase) hinten zusammengeleimt. Aus dem Verschnitt der hinteren Verjüngungen läßt sich wunderbarerweise der untere Rumpfboden, der auf der Helling jetzt oben ist, zurechtsägen und einkleben – zwischen die Seitenteile, nicht oben drauf! Gleichzeitig wird der Spant hinter der Fläche eingesetzt, dann stehen die Wände auch so senkrecht, wie sich das ziemt. Gut durchtrocknen lassen, denn bei der folgenden Biegung soll uns hier nichts anbrennen.

Statt Pilze zu suchen, während der Leim trocknet, können wir uns spätestens jetzt Gedanken über die Rumpfbreite machen und die drei nötigen Spanten herstellen (zwei senkrechte und einen waagerechten). Mittellinien einzeichnen und, wenn sie genehm sind, Kartonschablonen herstellen und beschriften. Bei der Breite des Kopfspantes sollte man ein paar Gedanken an den später zu verwendenden Motor verlieren.

Der Rumpftorso wird nun mit Schraubzwingen zusammengezwungen (Zwischenlage Sperrholz, um das weiche Balsaholz zu schonen) und die drei Spanten vorn schön genau eingeleimt. Dazu dienen die Senkrechten auf der Innenseite der Wände.

Achten Sie darauf, daß die Mittellinien der Spanten extrem picobello auf der Mittellinie der Helling zur Ruhe kommen, denn kein Holz der Welt biegt sich genauso willig wie sein Pendant auf der gegenüberliegenden Seite. Nur wenn Ende, Mitte und Kopf auf einer Geraden liegen, ist der Rumpf gerade, vorn und hinten allein genügt nicht! (Ein, oder sollte ich sagen „mein", typischer Anfängerfehler.)

Die Ober - und Unterteile werden aus Vollbalsa geformt, eine zugegebenermaßen teure Angelegenheit, aber Rasse muß sein und Sie können sich als Herrgottschnitzer von Oberammergau betätigen. Bei weichem Balsa geht das wie geschmiert. Den letzten Feinschliff setzen Sie bitte „längs", nicht quer, sonst wursteln sie Geometriefehler in die schnittige Form!

An den hinteren Rumpfrücken stelle der Herr Konstrukteur bitte besondere Bedingun-

Der Arbeitsgang zum Herstellen des hinteren Rumpfrückens aus beplanktem Styropor

Das vordere Oberteil ist aus Vollbalsa geformt.

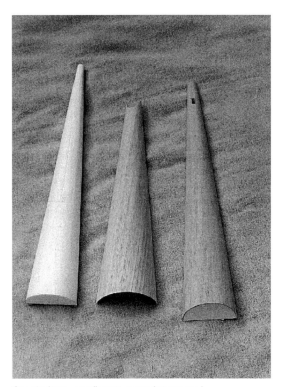

Geschnitten, gewässert, vorgebogen und verleimt – fertig ist der hintere Rumpfrücken.

gen. Er würde aus Vollbalsa wirklich zu teuer und vor allem zu schwer werden. Da wir listigerweise gerade Linien konstruiert haben und keinen sphärischen Körper, können wir dieses Teil in einem Arbeitsgang mit einem Balsabrettchen von 1,5 mm Stärke beplanken. (Vorher Pappschablone anfertigen und aufbewahren.) Den Unterbau erstellt man sich aus halbkreisförmigen Spanten aus dünnem Balsa oder schneidet ihn im Sinne von „serial" aus Styropor. Dazu fertigt man sich einen Halbkreis aus Sperrholz und zieht einen Schneidedraht oder eine Gitarren-E-Saite sahnig durch das Zeug. Über diese Methode sind schon so viele Veröffentlichungen erschienen, daß der Verfasser sich ja geradezu des Plagiats schuldig machte, würde er das weiter ausführen.

Bauzeit: ein knapper Tag! Allerdings ohne die vermaledeiten Trockenzeiten, aber diese haben Sie ja entweder bei den erwähnten Pilzen verbracht oder sich dem Leitwerk zugewandt.

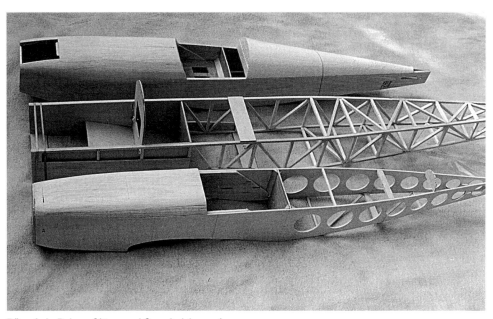

Rümpfe in Balsa-, Gitter- und Sperrholzbauweise.

41

Der Tragflächenbau

Für unser Vorhaben bietet sich die Styropor-bauweise geradezu an. Je nach gewähltem Profil benötigen wir nur zwei Musterrippen, die wir je nach Streckung und Pfeilung entsprechend auf dem ausgeschnittenen Grundriß plazieren. Selbst unterschiedliche Schränkungen lassen sich durch „Kippen" der Randrippenschablone leicht bewerkstelligen. Dieser sicher bekannte Begriff besagt, daß die Außenflügel einen geringeren Einstellwinkel aufweisen als der innere Teil der Fläche. Damit wird erreicht, daß die Strömung am Innenflügel beim Überziehen des Modells zuerst „abreißt", so daß auch in diesem kritischen Zustand die Steuerbarkeit mit den Querrudern voll erhalten bleibt.

Bei meinem 1:1-Schulflugzeug Scheibe „Falke" geht die Liebe so weit, daß die Maschine nicht zum Trudeln zu bringen ist, eine Tatsache, die Flugschülern nur allzu recht sein kann! Für Kunstflugspezies ist dies natürlich nicht erwünscht.

Die Rippenbauweise ist immer noch die Sache für Leichtbaufreaks. Auch bei der von uns (bitte!) gewählten Trapezform kann man die Rippen im Block herstellen: Man fertigt (wieder mal) je eine Musterrippe für die Wurzel und den Rand. Passende Balsabrettchen (ca. 1,5 oder 2 mm) werden mit durchgehenden Schrauben und Muttern dazwischengeklemmt. Setzen Sie die Bohrlöcher mit einem bißchen Grips (nicht gerade bei den Holmaussparungen).

Leider müssen die dann geschliffenen Rippen nachbehandelt werden, weil sie natürlich schräge Kanten aufweisen, aber das ist keine große Sache, und auf alle Fälle sitzen die Holmnuten so genau, daß es für den Haupt- bzw. Hilfsholm eine Ehre ist, hineinzugleiten zu dürfen.

Eine feine Sache zum korrekten Straken komplizierter Flügelformen ist die Stempelmethode: Man schneidet sich einen Styrokern und zerteilt ihn im Rippenabstand (5 bis 7 cm) in dicke Brotscheiben. Die Schnittflächen werden mit Stempelfarbe eingeschmiert und auf das Balsabrett gedrückt. Ein prima Tip, den ich einer amerikanischen Zeitschrift entnommen habe. Ganz toll für elliptische Flächen und Deltas.

Die fertigen Rippen kommen auf die Halbhelling: unterer Haupt- und Hilfsholm, Rippen einsetzen (senkrecht!), obere Holme, und das Ganze unter Bleibeschwerung trocknen lassen! (Von Stecknadeln halte ich nichts: Sie gehen nicht in das Resopal, außerdem kann man eventuell schief gesteckte Rippen nur schwer zurechtrücken.)

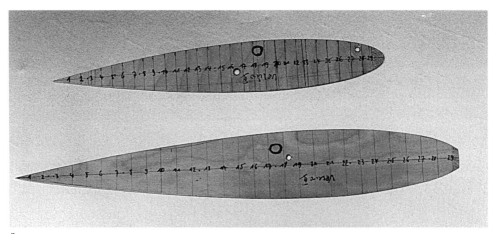

Äußere und Wurzelrippenschablone mit Einteilung zum Schneiden der Styrokerne

Nasenleiste, Endleiste (bzw. Endleistenbeplankung), untere Beplankung vor dem Hauptholm und zum Schluß (wobei jetzt die Fläche wirklich gut beschwert und picobello auf der Helling aufliegen muß) die obere vordere Beplankung (Torsionsnase).

Dies alles kennen Sie bestimmt von diversen Baukastenmodellen. Es folgt noch die Fummelarbeit der Hauptholmverkastung und der Rippenaufleimer, die erstens eine enorme Festigkeit bringen und zweitens die (für die Bespannung) einheitliche Verbindung zwischen der vorderen und hinteren Beplankung bilden.

Auf einen Fehler mit katastrophalen Folgen möchte ich Sie noch aufmerksam machen, der zu gerne beim Zusammenfügen der Flächenhälften praktiziert wird: Man schraubt die beiden Hellingteile mit den Scharnieren zusammen, stellt durch Unterlegen von Klötzchen (mit Hilfe des Tangens) die V-Form ein und fügt die Rohbauhälften exakt mit den Hauptholmen aneinander. Dann stellt man sich vier v-förmige 1,5-mm-Holmverbinder her (je zwei für Haupt- bzw. Hilfholme). Soweit so gut, sogar sehr gut.

Wenn jetzt die Holme unmerklichen Versatz haben (und dies bleibt mit Sicherheit bei niemandem aus) und man die Holme mit reichlich Weißleim und noch reichlicherer Presserei mit Schraubzwingen zusammendonnert – soweit gar nicht gut! Man merkt nichts, weil die gut beschwerten Rohbauhälften nicht aufmukken und die Holme sich wohl oder übel in die erzwungene Position fügen – vorübergehend, nur sehr vorübergehend! Denn nach Entfernung der Gewichte federn sie eigenwillig in ihre ursprüngliche Position zurück, und wir haben keinen Flügel, sondern einen Propeller für Großmodelle!

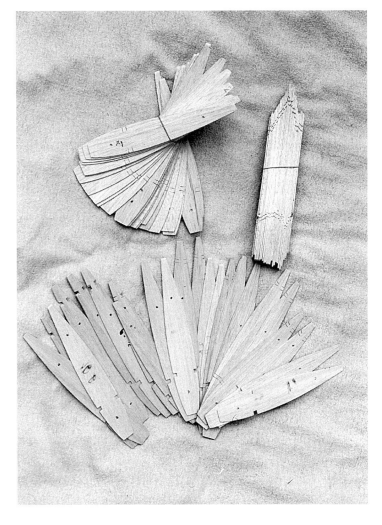

**Im Block
geschliffene
Rippen**

43

Der Bau des Leitwerks

Unsere Erfolge bei den diversen „Der-kleine-Uhu"-Wettbewerben führe ich neben der guten Hochstarttechnik auf zwei Ursachen zurück: Zum ersten wurde der 10×5-mm-Leitwerksträger aus (schwerem) Kiefernholz beiseite gelegt und durch einen gleichmäßigen aus mittelhartem Balsa ersetzt, der zusätzlich zum Rumpfende verjüngt und oval geschliffen wurde. Zweitens haben wir den ganzen Plastikkram zur Befestigung der beiden Leitwerksteile weggelassen und die kleinen Brettchen stumpf aufgeleimt. Der nie funktionierende Pipifax der automatischen Kurvensteuerung ist durch seinen langen Faden sowieso nur als Hygrometer zu benutzen und die Thermikbremse pädagogisch nicht erwünscht. „Die Knaben sollen sich körperlich ertüchtigen."

Diese Gewichtsersparnis am langen Hebelarm belohnte uns mit klitzekleiner Bleizugabe an der Nase. Bei unserem Rumpf sind diese Verhältnisse fast genau 2:1. Jedes Gramm hinten zuviel heißt also zwei Gramm Ballast vorne. Zum Glück hilft uns der Motor gewaltig dabei, aber bei der Segler- und Elektroversion sieht die Sache schon anders aus.

Der langen Rede kurzer Sinn: Ein Leitwerk sollte leicht sein! So leicht wie eben noch möglich, ohne daß es uns schon beim Transport im Auto auseinanderfällt bzw. abfällt. Ja, abfällt, denn die Stabilität der Befestigung ist im Alltagsbetrieb wichtiger als die des Leitwerkes selbst, vorausgesetzt, daß es verwindungssteif ist. Dieses erreichen wir entweder durch die Brettkonstruktion oder durch die Gitterbauweise, wenn wir uns fürs erste mit der ebenen Platte begnügen wollen. Beide wiegen ungefähr das gleiche.

Das Brett sollte nicht aus einem Stück bestehen, sondern an den Enden durch Stückchen mit quer laufender Faserrichtung abgefangen werden, damit es sich nicht wölben oder sonst verziehen kann. 8 mm Dicke sollten es aus diesem Grunde schon sein, auch wegen der Optik und des Einschlitzens der

Gleichmaßen stabil: Brett- und Gitterleitwerk.

Kleine Bleigewichte sind wesentlich besser als Stecknadeln, die auch gar nicht in das Resopal zu drücken wären.

Scharniere. Bei der Gitterkonstruktion sorgen viele diagonale Streben für die nötige Verwindungssteifigkeit: 5 mm Gerüst plus zweimal 1,5 mm Beplankung ergeben ebenfalls 8 mm.

Der vordere und hintere Holm des Seitenruders sollte erst mal weit über das eigentliche Maß hinausreichen, um es (gegebenenfalls durch das Höhenleitwerk hindurch) gut und gerade im Rumpf verankern zu können.

Um die Flossen nicht mühselig spitz zuschleifen zu müssen, kann man fertig gekaufte Endleisten an die Brettchen anleimen, so daß nur noch eine minimale Kante zwischen eben und verjüngt geglättet werden braucht. Außerdem ist die Hinterkante der Flossen härter und vom Werk so akkurat gefräst, daß das Herz des Konstrukteurs freudig jauchzt.

Nützliche Schablonen

Von dem Vorhaben ausgehend, daß man seine Eigenkonstruktion mit oder ohne Abwandlungen mehrmals bauen wird, bekommt die Angelegenheit erst den richtigen Schmackes, wenn man sich zu Beginn und vor allem während der Arbeit am Prototyp bzw. Grundmodell laufend Schablonen anfertigt und diese säuberlich beschriftet aufbewahrt.

Im weitesten Sinn sind ja die wichtigsten Schablonen erfreulicherweise schon fertig: Die breitenverstellbare Rumpfhelling, die „klappbare" Doppelhelling für die Flächenhälften und das direkt auf das Resopal der Preßspanplatte gezeichnete Seiten- und Höhenleitwerk nimmt uns keiner mehr weg. Die große Sperrholzschablone für die Rumpfseitenwände und die Profilschablonen für die Wurzel- und Außenrippe ist ebenfalls fest in unserem Inventar.

Von nun an wird von jedem neu geschnittenen Bauteil ein Duplikat angefertigt, am rationellsten durch gleichzeitiges Schneiden mit der Band- oder Laubsäge. Dabei sollte in manchen Fällen ein wenig mit Übermaß gearbeitet werden, damit man den Spant, die Strebe, die verstärkende Dreikantleiste gleich in ein und demselben Arbeitsgang quasi geschenkt bekommt, wenn man das entsprechende Material und das Werkzeug schon mal in der Hand hat.

Ein zweiter Sinn dieser Vorgehensweise leuchtet schlagartig bei dem Stichwort „Material" auf. Wie oft sucht man in seiner Ramschkiste lange nach einem Stückchen Sperrholz von einer bestimmten Dicke und Qualität oder ein Endchen von einer 6×6-Leiste. Selbst in Fällen, in denen nicht gleich eine genau passende Schablone hergestellt werden kann oder soll, hat man das entsprechende Teil wenigstens materialmäßig sicher an Ort und Stelle gebunkert. Wenn ich erkenne, daß beim Schneiden von zwei Beplankungsteilen noch gerade ein drittes aus dem für teures Geld gekauften Brettchen herausspringt, wäre ich doch ziemlich dämlich, wenn ich dieses nicht gleich mit bearbeiten bzw. mir zumindest das Teil ad acta legen würde. Sonst landet es doch (für immer) in der Abfallkiste, wird dort entweder vergessen oder sinnlos zu Verstärkungsdreiecken von mikroskopischer Größe verheizt. Ein wirklich teures Vergnügen, denn für die nächste Beplankung ...

Ist das nicht herrlich? Man hat ein Modell gebaut und als Lohn der Mühe ein Modell plus einen Baukasten bekommen? Und glauben Sie mir: Beim dritten, gar nicht mal identischen Modell wird es noch preisgünstiger und zeitsparender. Das ist irgendwie ein Naturgesetz und leuchtet einem, wenn man lange und logisch darüber nachdenkt, auch ein.

Es ist außerdem nicht verboten, nur fast ausreichendes Material zu horten und später (oder sofort) mit einem anderen Abfall zu schäften, dort, wo es nicht weh tut.

Die ganze Chose hat nur dann einen wirklich erstaunlichen Wert, wenn die Papp- und Holzschablonen picobello beschriftet sind. Denken Sie bei Pappe auch an die nicht unwesentliche Faserrichtung des Holzes! Bei kleinen oder später sichtbaren Teilen tun es auch Selbstklebeetiketten.

Last but not least bekommen Sie einen enormen Überblick über Ihren Holzbedarf einschließlich Verschnitt, und es wäre doch gelacht, wenn man den Menschen, der einem den Fahrwerkstahldraht biegt und hartlötet, nicht zu deren zwei überreden könnte. Schmiede deinen Nächsten, solange er warm ist!

Die Querruder

Spätestens das zweite oder dritte Modell des Anfängers, der ja dann keiner mehr ist, hat selbstverständlich Querruder. Die Umstellung auf diese doch gewöhnungsbedürftige Art zu fliegen müßte nicht sein, wenn man von Anfang an einen Fortgeschrittenen an der Hand hat, der einem regelrecht Unterricht erteilt, harmloser und schmackhafter kann man dieses Unterfangen leider nicht nennen. Es ist und bleibt ein Lernprozeß, der da abläuft: vom Auge in die Hände unter Ausschaltung des Gehirns.

Aber nein, zuerst geht der Papi (mit oder ohne Sohn) alleine auf die Wiese. Papi hat zwar schon gehört, daß dieser Mut meistens nicht belohnt wird, aber Papi ist ja nicht so dämlich wie die anderen und kennt außerdem die ganze Geschichte schon vom Drachensteigen, und der hatte noch nicht mal eine Fern"bedienung", oder? Na ja ...

Aber irgendwann ist aus dem Schüler ein (erst mal) kleiner Könner geworden, der die Querruder nie mehr missen möchte. Lieber verzichtet er auf das Seitenruder und macht Handstarts (Racer). Nur mit ihnen hat man die Maschine voll im Griff, und selbst ein bißchen Seitenwind tut einer vernünftigen Landung keinen Abbruch mehr.

Wir kennen zwei verschiedene Arten von Querrudern im Modellbau: die in die Fläche eingelassenen wie bei den großen Brüdern und die Streifenquerruder (Flaps). Letztere, die „Endleistenquerruder", sind sehr viel leichter an dem Vogel anzubringen, die ganze Fläche ist einfacher zu bauen und auch die Anlenkung dieser Streifen ist ganz simpel mit nur einem Servo in der Flächenmitte als in sich geschlossene Funktionseinheit.

Auch die in die Fläche eingelassenen Ruder kommen theoretisch mit einer Rudermaschine aus. Da diese Version aber ein ziemliches Gemurkse ist mit Umlenkhebeln oder Bowdenzügen in oft recht engen Kurvenradien, geht der weltaufgeschlossene Konstruk-

Dieser „Vesuv I" ist mit Flaps ausgerüstet.

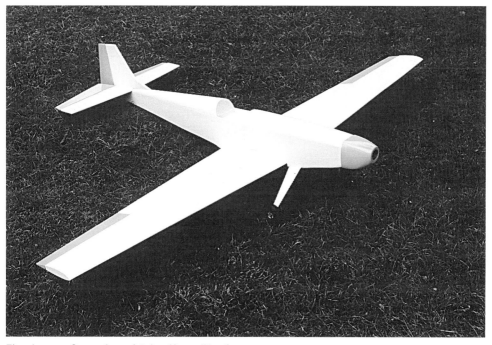

Eingelassene Querruder weist der „Vesuv II" auf.

47

teur immer öfter den teueren Weg und baut in jede Flächenhälfte ein eigenes Servo ein. Dafür wird er mit fast spielfreier Anlenkung bei kürzesten Gestängen belohnt und kann mit den heutigen Computeranlagen noch eine Menge Unsinn mit diesen beiden Helfern anstellen (lat. servus „Ihr Diener").

Aus Massenträgheitsgründen und weil eine Fläche weiter innen dicker ist werden die Servos oft so weit wie möglich nach innen gesetzt. Das ist nicht gut! Das Querruder wird nur an einem Ende gestützt. Hauen Sie einmal mit dem Handballen ganz oben gegen eine offene Tür: die Tür zittert. Bei den Querrudern nennt man das Flattern, und dies hat schon zu vielen Abstürzen geführt, von denen keiner nichts weiß.

Also tun Sie mir (und sich) den Gefallen und lenken die Steuerruder um die Längsachse möglichst in ihrer Mitte an, eine Bitte, die die Flaps (auch aus aerodynamischen Gründen) bei rasantem Kunstflug ziemlich alt aussehen läßt.

Bei der Konstruktion der Querruder sollte man aus ästhetischen Gesichtspunkten die Fläche weder parallel zur Vorder- noch zur Hinterkante „zerschneiden", sondern schön prozentual zur Flächentiefe. Nur so gefällt es dem Auge, obwohl es meist nicht sagen kann, warum. Der Aerodynamik ist dieser Gesichtspunkt ziemlich wurscht. Ich habe schon „Hotdogger" und fliegende Straßenschilder gesehen, deren Flächen fast nur aus Querrudern bestanden.

Die Scharniere

Das Gemeine an allen Scharnieren ist, daß sie nicht aufgeschraubt werden können, so wie man das vom Schreinern her gewohnt ist, sondern daß sie in das Holz eingelassen werden müssen. (Die Ausnahme der aufbügelbaren Folienstreifen wollen wir hier außer acht lassen. Die sind ein Kapitel für sich, wie z.B. das spätere (?) Lackieren.)

Erwähnen wir zuerst die seit einiger Zeit auf den Markt geströmten Dübelscharniere. Klingt praktisch: Man braucht nur ein Loch zu bohren und der Dübel ist drin! Wohin genau nun aber mit dem Loch auf dem zweiten Bauteil, mit dem das erste ja letztendlich ver-

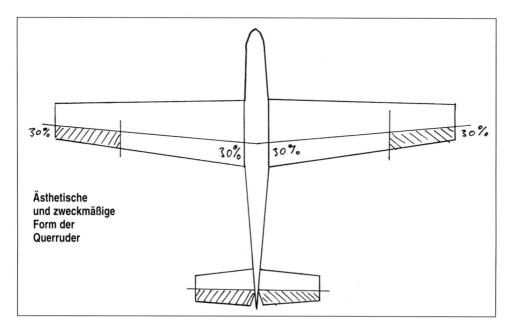

Ästhetische und zweckmäßige Form der Querruder

30% 30% 30% 30% 30%

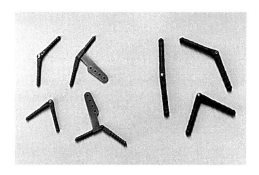

beweglich miteinander verbunden werden sollen, vor dem eigentlichen Baubeginn bündig zusammengeheftet und gemeinsam mit je zwei 1,2-mm-Löchern im Abstand der Scharnierbreite durchbohrt. Dann mit zwei (!) parallelen Schnitten angeritzt, tiefer geritzt und durchgeritzt. Mit dem für diese Zwecke käuflichen Häkelhaken wird dann der Span vorsichtig herausgepopelt. Das geht deshalb prima, weil wir mit dem Bohrer die Längsfa-

Dübelscharniere, teilweise mit angeformten Ruderanlenksegmenten

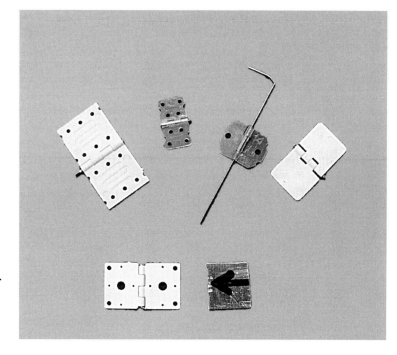

Flache Scharniere mit dem beschriebenen Blechstempel (unten rechts) zum Abdrücken der genauen Position

bunden werden soll, damit die Sache einen Sinn ergibt? Der Nachteil dieser grauen Dinger ist ihr unwahrscheinlich voluminöses Gelenk und ihr, relativ zu den herkömmlichen Plastikscharnieren aus weißem Kunststoff, großer Durchmesser, der den Einbau zumindest in schmale Ruderblätter so gut wie unmöglich macht.

Wie bekommt man nun diese zuletzt erwähnten Dinger sauber, zügig und vor allem in der Höhe (!) paßgenau in das Holz? Trick eins: Von hinten anfangen! Wo immer es möglich ist, werden die beiden Leisten, die

sern des Holzes unterbrochen haben. Machen Sie die Schlitze getrost etwas breiter als das Scharnier, dann ist später eine seitliche Verschiebung zur Paßgenauigkeit noch möglich und tut der Festigkeit keinen Abbruch. Nun kann man die beiden Leisten stolz auf und nieder bewegen und mit dem eigentlichen Bau beginnen.

Und wenn dies nicht möglich ist, weil es keine Leisten gibt (Styrofläche, Vollbalsa)? Trick zwei: Abdrücken! In das eine Bauteil werden die Scharniere, wie oben geschildert, eingelassen (bohren, ritzen, schneiden, po-

49

peln). Dann entfernt man sie wieder und schiebt statt dessen ein vorbereitetes Blechstück ein (Stempel). Dieses ist so dick wie das Scharnier und vorne scharf zugefeilt. Auf einer ebenen Unterlage schiebt man nun die beiden Teile langsam zusammen und drückt dabei den Stempel in das noch jungfräuliche Holz. Es entsteht ein Abdruck, der Ungenauigkeiten in der Höhe und vielleicht eingebaute Schräglagen getreulich markiert. Ganz prima, gelle? Das Blechstück sollte höchstens einen Millimeter hervorschauen, damit der Abdruck erst erfolgt, wenn sich die beiden Antipoden schon fast berühren.

Daß man im Falle des Nichtvorhanenseins die Scharnierblätter mit Bohrungen versieht, um mit dem Kleber einen gewissen „Nieteneffekt" zu erzielen, und daß man die Gelenke vor der Klebung mit Nivea-Creme einschmiert, geht klar, oder?

Bei zügiger Bauweise kann man schon mal überlegen, wo „es nicht so genau drauf ankommt" und wo die späteren „Hingucker" sind, die einen dann ein ganzes Modelleben lang ärgern, wenn man sie trotz aller Mühe versaut hat. Die Ruder gehören (leider) zur zweiten Kategorie.

Die Holzauswahl

Wer glaubt, daß er sich lächerlich macht oder als Angeber angesehen wird, wenn er mit einer Briefwaage bewaffnet ein Modellbaugeschäft betritt, irrt sich gewaltig oder hat gerade das Pech, auf einen Haufen Ignoranten gestoßen zu sein. Denn es hat sich doch inzwischen bis in die entferntesten Winkel der Erde herumgesprochen, daß es hartes und weiches Balsaholz gibt, und mittleres, und alle Abstufungen dazwischen. Aber weiß auch jeder, daß diese Skala auch auf ein und demselben Brettchen sein kann, ja meist sogar tatsächlich vertreten ist?

Diese Härtegrade sind (bis auf wenige klimabedingte Ausnahmen) schon von weitem an der Färbung zu erkennen: je heller, desto weicher und leichter. Eine Nagelprobe würde da sofort Gewißheit bringen, aber ich könnte mir vorstellen, daß der Geschäftsinhaber uns bestenfalls mit scheelen Blicken bedenkt, wenn wir ihm sein wertvolles Holz verstümmeln. Und wertvoll, sprich teuer, ist dieses Zeug mit Sicherheit. Vielleicht nicht ganz so wertvoll wie ein lupenreiner Zweikaräter, aber wenn man an die gute deutsche Kiefer denkt ...

Also: Die Briefwaage muß mitgenommen werden zum Holzkauf! Es ist (wieder einmal) ein Vorteil der Pseudoserienherstellung, daß man schon beim zweiten Modell nicht mehr ganz so unbedarft in den Holzstapel langt, kurz mal einen Blick auf die aufgedruckte Stärke wirft und hochbefriedigt zur Kasse marschiert.

Man hat ja nun schon Erfahrung, man weiß, daß das letzte Leitwerk gewichtsmäßig ganz schön happig geraten war und man dem kleinen 6,5er zackig Blei an den Motorträger schrauben mußte. Man weiß, daß die Seitenwände etwas härter gestaltet werden sollten, nachdem der abrutschende Daumennagel auf der Innenseite des Rumpfes wieder zum Vorschein kam. Man weiß auch, daß es eine dumme und anstrengende Tätigkeit ist, stundenlang an einem Hartbalsablock herumzufeilen, der hinterher, außer schön zu sein, keinerlei Funktion hat, und eine tragende schon gar nicht!

Vielleicht hatte man auch das „Glück" eines Absturzes! Entschuldigen Sie meinen Zynismus, ich wollte damit nur leise weinend andeuten, daß man nach solch einem traurigen Ereignis nicht gleich zum Streichholz greifen oder wütend auf den Trümmern herumtrampeln sollte, sondern die Brocken sorgsam nach Hause tragen muß zur Strukturanalyse, wenn die Tränen erst mal versiegt sind. Ideal wäre ein „Halbabsturz". Ich meine einen, bei dem es noch Brocken gibt, und nicht einen, bei dem es das Meisterwerk über den ganzen Flugplatz verteilt hat; was soll man da noch analysieren?

Also hart, wo nötig, und weich, wo möglich – und dies lernt man nicht beim ersten Modell.

Wie andere Leute die Liebe ihres Lebens, suche ich für die Seitenwände Brettchen, die an einem Ende hell sind und dann zur anderen Seite zu dunklerer Farbe changieren. Raten Sie mal, welche Seite später nach vorn kommt.

Ich habe einige Bedenken, die billigen Versandgeschäfte zu empfehlen. Dabei kann man böse eingehen, denn das Holz muß man erfühlen, vor allem für Beplankungen u.ä. Aber es kostet echt weniger als die Hälfte vom guten, nämlich ungefähr so:

10 mm	2,75 DM	statt 6,20 DM
6 mm	2,40 DM	statt 5,70 DM
2 mm	1,45 DM	statt 3,35 DM usw.

Da kann man schon schwach werden und für die Schichtbauweise von riesigen Randbögen und die schon mehrfach beweinten dicken Rumpfblöcke später getrost einige Risse oder, wie es bei Heerdegen so fachmännisch heißt, Mineralflecken mit einem zufriedenen Lächeln auf den Lippen und einer Mischung aus Mikroballons und Spannlack zuspachteln.

Stabilität und Gewicht

Leider sind diese beiden Begriffe durch ein „und" miteinander verbunden, sowohl in der Überschrift als auch im täglichen Modellbauerleben. Wie schön wäre es, könnte man diese beiden Worte mit einem „ohne" verknüpfen.

Während der Baukastenkäufer eigentlich die Sorge um das Gewicht seines Modells mehr oder weniger vertrauensselig in die Hände des Herstellers legt (nicht selten zu Unrecht übrigens), ist er bei der Eigenkonstruktion ganz allein auf sich und seine Briefwaage angewiesen.

Einen Anhaltspunkt kann er sich schon vor Baubeginn schaffen, wenn er aus dem Flächengrundriß den Inhalt errechnet. Bei, sagen wir mal, 40 dm² Flächeninhalt und einer geforderten Flächenbelastung von 60 p/dm² darf das gute Stück eben flugfertig nur 2.400 p wiegen und nicht mehr! (2.400 : 40 = 60 p/dm²).

Es bleiben immer noch drei Auswege aus dem Dilemma:

1. Wir ändern den Grundriß und vergrößern den Flügelinhalt.
2. Wir donnern mit größerer Flächenbelastung durch die Fauna und Flora.
3. Wir bauen das nächste Modell leichter.

Sie werden wohl einsehen, daß für einen ernsthaften Konstrukteur nur der letzte Fall in Frage kommt, denn unseren mühselig ausgetüftelten Grundriß wollen wir nicht aufgeben, und außerdem haben wir mal irgendwo gehört, daß ein leichtes Modell besser fliegt als ein aus „dem Vollen geschnitztes".

Hier, ganz nebenbei, ein kleiner Denkanstoß zum Trost: Ein „zu" leichtes Modell hat natürlich auch wieder seine Macken. Der Wind, unser Freund und Gegner, veranstaltet mit dem filigranen Kunstwerk ein anderes Spiel als die Fernsteuerung. Start und Landung können mit einem solchen „Windspiel" kitzliger werden als mit einem Geschoß, daß gar nicht weiß, was eine Bö eigentlich ist.

Ein Vorrat an selbsthergestelltem Balsasperrholz ist immer nützlich.

Knoten"bleche" erhöhen die Belastbarkeit enorm.

Die Saalflieger in zugiger Halle und Hang-flieger ohne Landehilfe können ein schauriges Liedchen davon singen.

Also leicht und stabil bauen heißt die Devise – wie neu, wie neu. Schauen wir uns einmal an, was da zu machen ist: Eine Rumpfseitenwand aus 4-mm-Balsa, die innen in regelmäßigen Abständen mit senkrechten Streifen aus 1,5-mm-Balsa „abgesperrt" wird, ist gleich schwer wie eine nackte 6-mm-Wand, aber ungleich stabiler, weil wir dem Aufsplittern der langen Fasern des weichen Holzes wirksam ein „Halt!" entgegengestellt haben. Überhaupt sollte man sich in einer stillen Stunde einen kleinen Vorrat Balsasperrholz verschiedener Stärke herstellen: Einfach aus einem Brettchen 10 cm lange Stücke schneiden und mit Ponal Express auf ein zweites Brett leimen – quer zur Faserrichtung!

Den Leim verteilt man am klügsten nicht mit dem Pinsel, sondern mit dem Finger: Er soll weder glitschen (zu dick) noch reiben (zu dünn).

Gut beschweren, denn der anfangs wasserlösliche Kleber möchte die dünnen Brettchen zu gerne krumm ziehen.

Bei der Gitterbauweise bewirken kleine Balsadreiecke an den Stoßstellen eine ca. zehnfache Belastbarkeit bei einem Gewicht von nicht mal einem Gramm (pro Dreieck plus Kleber). Im Leichtflugzeugbau heißen die Dinger Knotenbleche und sind (bei der Rohbauabnahme) ein unbedingtes Muß. Dabei sollte man darauf achten, daß man bei der ersten Klebung sparsam „heftet", damit die Ecken nicht leimverschmiert, sondern zur späteren Aufnahme der Verstärkungsdreiecke bereit sind.

Dreikantleisten sind teuer, lohnen aber den Einsatz überall dort, wo z.B. Spanten größeren Belastungen ausgesetzt sind: der Motorspant vor allem, aber auch der Hauptspant, der die Flächenbefestigungsdübel aufnimmt, usw. Dafür kann das Material ein wenig dünner ausfallen, und wir haben dem Gewicht wieder ein kleines Schnippchen geschlagen.

Überhaupt gilt für uns: Zweimal dünn ist besser als einmal dick!

Viele Verstärkungen sollten erst kurz vor dem Bespannen eingeleimt werden, sonst kann es uns passieren, daß sie uns im Wege sind. Ich denke da z.B. an den Bowdenzug für die Motordrossel oder die Befestigungsschrauben für den Motor, bei denen uns zu überhastet eingeklebte Leisten das Leben schwermachen können – aber auch das steht ja für das zweite Modell schon längst im Arbeitsheft, oder?

Beim Flächenbau hat sich der Kleber gerne beiseite geschoben, wenn wir die Holme einsetzen oder die Rippen in Aussparungen drücken. Darum ist es wichtig, nach dem Rohschliff alle Ecken und Kanten mit Uhu hart o.ä. zu vermuffen. Aber das haben Sie sicher schon beim Schliff gemerkt, wenn Ih-

Dreikantleisten werden viel zu selten benutzt. Darunter liegt eine Nutleiste zur Aufnahme von Stahldrähten.

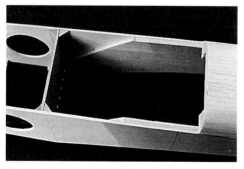

Ein stark belasteter Spant kann trotzdem dünn sein, wenn er mit Dreikantleisten verstärkt wird.

nen ohne größere Gewaltanwendung mir nichts dir nichts ein Steg oder ein anderes Hölzchen entgegengefallen ist. Nicht nur die Sekundenkleber, sondern auch alle Schnellkleber haben ganz einfach keine Zeit, schön genüßlich und tief in das Holz einzudringen, bevor sie ihrer Pflicht gehorchen und kleben. Es genügt dann ein kleiner Schnipp mit dem Finger, schon platzt die Klebstelle, von einem der beiden Bauteile eine hauchdünne Schicht Holzfasern mitnehmend, und das kann ja nicht in Ihrem Sinne, dem Sinne des (angehenden) Konstrukteurs, sein!

Das Fahrwerk

Wenn wir einmal die vielrädrigen Scale-Fahrwerke großer Verkehrs- oder Transportmaschinen außer acht lassen, bleiben uns immerhin noch vier Variationsmöglichkeiten: Dreibein, Zweibein, Einbein (nicht lachen, sondern Segelflugzeuge ansehen)und die Kufe.

Fangen wir mit der Kufe an: Sie sollte dann eingesetzt werden, wenn wir unsere Eigenkonstruktion als Segler, Hangflitzer oder Motorsegler in die Lüfte schicken wollen. Sie dient als Handgriff beim Start und zum Schutz der Flächen bei der Landung (Sie entwerfen doch einen Tiefdecker, oder?). Dann werden Sie staunen, wie durch den Wegfall des Fahrwerkes die Leistungsfähigkeit Ihres Modells in eine andere Kategorie katapultiert wird, obwohl es doch „immer noch" Ihre alte und inzwischen bewährte Ausgangskonstruktion ist, allerdings mit anderer Spannweite usw.

Das Einbeinfahrwerk braucht natürlich kleine Stützräder an den Flächen, eine Tatsache die schon bei 1:1-Motorseglern (Scheibe „Falke" SF 25, „Sperber") reichlich albern aussieht. Am Modell spürt man dann doch zu deutlich den Notbehelf, und das muß ja denn auch nicht sein!

Am einfachsten beim Rollen auf dem Boden, beim Start und letztlich auch beim Landen stellt sich uns das Dreibeinfahrwerk vor: Mit selbstverständlich lenkbarem Bugrad ist es sehr gut zu manövrieren, währenddessen relativ unempfindlich gegen Seitenwind, und kann (theoretisch) nicht mehr hüpfen, wenn das Bugrad sich auf den Boden gesenkt hat (nicht: aufgedonnert ist), da dann die Fläche einen negativen Anstellwinkel zur Luft hat. Dies kann man wunderschön bei Landungen des Spaceshuttles beobachten. Dafür aber muß das Modell beim Start durch gefühlvolles Höhenruder zum Abheben überredet werden, was bei zu langsamer Rollgeschwindigkeit zum Stall führen wird.

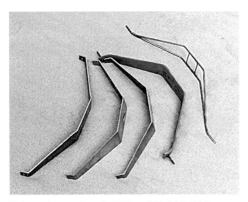

Fahrwerke aus Dural, GFK und Stahldraht in aufsteigender Qualität

Sie haben den Bruch in der Aufzählung sicher schon bemerkt – der Verfasser hat sich sein Lieblingsfahrwerk zum Schluß aufgehoben wie der Gourmet das beste Stückchen Fleisch auf seinem Teller: das Zweibeinfahrwerk mit starrem („Vesuv I") oder lenkbarem („Vesuv II") Spornrad. In Amerika verächtlich „tail dragger" (Schwanznachzieher) genannt, ist es bei den modernen Reise-, Geschäfts- und Großmaschinen aus der Mode gekommen. „Mode" ist vielleicht falsch, es hat schon technische Gründe.

Ein Modell mit zwei Beinen hebt nach dem Rollen von alleine ab. Das muß es wohl oder übel, weil der Anstellwinkel auch dann noch positiv ist, wenn die Kiste bereits den

Schwanz gehoben hat. Die Seitenwindempfindlichkeit ist beim Hochdecker (Entschuldigung: Schulterdecker) enorm, beim Tiefdecker weniger ausgeprägt. Eine solche Pracht streckt seine Nase auf dem Boden kühn in die Luft, und das sieht meines Erachtens ganz toll aus, im Gegensatz zum „geduckt" dahockenden Dreibeiner.

Legen Sie Ihr Modell ohne Fahrwerk auf den Boden, betrachten Sie es lange und montieren dann rasch ein Zweibeinfahrwerk. Oh, diese Augenweide! Wie ein Rassepferd, das nur darauf wartet, den nächsten Sieg nach Hause preschen zu können.

Eine verbreitete Methode der Fahrwerksbefestigung in Styroflächen ist die folgende: Fertig mit passender Nut versehene Hartholzleisten werden in Ausschnitte in der Fläche eingeklebt, die man mit einem heißen Drahtbügel eingeschnitten hat. Man vertraut auf die Federwirkung der Torsion zwischen Fahrwerksbein und dem arretierten anderen Ende des Stahldrahtes. Leider ist der Stahl sehr fest, das Styropor sehr weich und die Torsionsstrecke viel zu kurz. Außerdem ist die Klebefläche Holz–Styro recht schmal, ohne einen Stützholm kommen wir also nicht zu einer stabilen Konstruktion.

Hier mein Tip: Die Nutleiste wird durch zwei keilförmige Holzstücke im Abstand des Stahldurchmessers ergänzt.

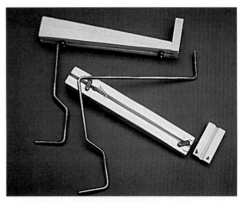

Das selbstkonstruierte Federfahrwerk hat einen sehr guten Halt im Styropor.

Nach der Montage liegt der Fahrwerksdraht im Flächeninneren ganz normal, während er am Fahrwerksbein munter rein- und rausklappert, nur gehalten durch die leichte Federwirkung der Arretierung und den üblichen Befestigungsschellen. Diese Klapperei hört sofort auf, wenn wir in den „hohen" Teil der dreieckförmigen Nutleiste eine (oder zwei) Druckfedern einlassen (z.B. von Plastikwäscheklammern) – schon haben wir ein wunderschön federndes Fahrwerk mit nun wesentlich größeren Klebeflächen. Der Federweg kann gut und gerne 1,5 cm betragen, und die Kraft ist durch Austausch der Federn in weiten Grenzen einstellbar. Ist das nicht herrlich?

Der Motoreinbau

Es ist erstaunlich, wie viele Baukästen und -pläne heute noch auf Sperrholz- und Kiefernleistenmotorträger nicht verzichten wollen.

Der „Vesuv I" macht da keine Ausnahme, und den Grund glaube ich auch herausgeknobelt zu haben: Man kann den Motor „ein"bauen, also in das Modell integrieren, anstatt ihn von vorn „an" den Rumpf zu klatschen.

Nun ja, die Zeiten ändern sich, und man sollte sich überlegen, ob diese Art der Montage noch zeitgemäß ist. Die Nachteile sind einmal die Unzugänglichkeit bei der De- und Montage und meistens auch bei der Bedienung. Hinzu kommt der langsame, aber sichere Auflösungsprozeß des Holzes durch den Sprit. Wer kann schon sicher sein, daß er auch die Bohrlöcher mit Epoxy resistent gemacht hat?

So poussiere ich schon seit einiger Zeit mit den weinroten Motorträgern aus Kunststoff. Sie sind stabil und gut mit Bohrer und Säge zu bearbeiten. Etwas mehr Platz braucht so ein Konglomerat aus Motor und Träger schon – und eine Motorhaube, wenn man nicht eine besonders ausgebuffte Konstruktion austüftelt.

Mit dieser Neigung kommt der Schalldämpfer genau in die Rumpfmitte.

55

Horten Sie Motorhauben anderer Modelle vor (!) dem Beginn des Rumpfbaus!

Nun kommt wieder mal eine meiner Privatmeinungen: Der Motor sollte liegend eingebaut werden. Erstens schmeißt der Auspuff (Verzeihung: Schalldämpfer) seinen Mist an die Unterseite des Modells, und da sieht es ja keiner. Zweitens werden die Vibrationen in der Querachse besser abgefangen als in der Hochachse.

Wenn man den Zylinderkopf noch ein paar Grad weiter nach unten neigt, bekommt man den Krümmer genau in die untere Mitte der Rumpfunterseite, und das bedeutet Symmetrie! Daß das Glühkerzenkabel glücklicher ist und die Düsennadel komfortabel nach oben schaut, sind zwei kleine Bonbons als Trostpflaster für die Asymmetrie des Zylinderkopfes.

Klug zu preisen ist der Konstrukteur, der sich schon vor dem Rumpfbau eine halbwegs passende Motorhaube von einem anderen Modell geklaut hat, noch klüger der, welcher den Kopfspant vorher der Haube anpaßt und erst dann das Rumpfvorderteil entsprechend zuschleift (aber bitte straken, keine Geometriefehler).

Wenn es gar nicht anders geht, tut es auch eine etwas zu groß geratene Haube, die dann über die Rumpfschnauze gestülpt wird. Dieses Verfahren ist im Sportflugzeugbau gar nicht so selten gewesen (Sternmotoren, Hamsterbacken) und sorgt in jedem Fall für hervorragende Kühlung des wertvollen Stückes.

Das Einfliegen

Einmal kommt der Tag, an dem sich zeigen muß, ob der Herr Konstrukteur ein Könner oder der Autor dieses Fachbuches ein Versager ist. Fast am Ende jeder Bauanleitung stehen warme Worte über die schrecklichen Sekunden, bis das Meisterwerk „airborne" ist und der Sekt in Strömen fließen kann.

Dabei wird einem meist unterschwellig unter die Weste gejubelt, daß die ganze Ange-

Der große Moment mit dem „Vesuv I" ...

... und dem „Vesuv II".

legenheit bis auf unwesentliche Kleinigkeiten eigentlich kein Problem darstellt.

Seien wir doch ehrlich: Es ist ein Problem! „Suchen Sie sich einen windstillen Tag aus." „Behalten Sie die Nerven." Ja, wie soll man denn die Nerven behalten, wenn einen das große Muffensausen packt, was eigentlich eine Ehre ist, weil es beweist, mit wieviel Liebe man an seinem Schmuckstück hängt. Dennoch habe ich eventuell ein paar kleine Beruhigungspillen für Sie:

1. Bauen Sie Schiffsmodelle (keine U-Boote!).
2. Fliegen Sie Ihr Modell nicht selbst ein. Lieber eine Woche lang auf einen verläßlichen Kollegen warten, als ...
3. Ein guter Einflieger ist nicht der mit der größten Schnauze. Der linst bestenfalls eine Sekunde auf das gute Stück und braust mit Karacho über die Prärie.
4. Meine Einflieger Gerhard und Markus (danke!) legen sich erst mal von allen vier Seiten um das Modell auf den Bauch und peilen, was das Zeug hält. Sie würden mir nicht glauben, was man da alles entdecken kann (nicht eingehängte Flächenstreben, verkehrt „herumene" Querruder, Fahrwerke, die ...), also schweige ich lieber vor mich hin.
5. Dann wird man gefragt, ob man seinen Fotoapparat bereit hat ... man weiß ja nie.
6. Es erfolgt eine Überprüfung der Fernsteuerung erst bei stehendem, dann bei laufendem Motor.
7. Rollprobe: Läuft das Modell geradeaus? Wenn nicht, liegt es am Fahrwerk, am Seitenruder oder am Motorzug bzw. Drehmoment?
8. Schnelle Rollprobe, bis das Spornrad freikommt. Ist der Kasten mit dem Seitenruder sauber auf der Bahn zu halten?
9. Leihen Sie sich eine Videokamera (eventuell mit Zeitlupe). Es soll ja keine abendfüllende Unterhaltung für Tante Emma und Onkel Franz werden, sondern eine

Studie jeder Flugphase und in Gottes Namen auch eines Malheurs. Dies erleichtert in beiden Fällen die Analyse, und beim nächsten Modell wissen wir dann (hoffentlich), wo der Barthel den Most holt. Außerdem sind Sie abgelenkt und quatschen dem Testpiloten nicht in sein Handwerk.
10. Machen Sie vor dem Start mit dem Menschen Ihres Vertrauens ein Briefing: Er soll starten, die Langsamflugeigenschaften (für die Landung) in Sicherheitshöhe überprüfen und subito landen.
11. Zweites Briefing: Stimmt die Trimmung? Sind die Ruderausschläge o.k.? Sollte der Schwerpunkt korrigiert werden? Schauen Sie mit Ihrem Vertrauensmann die Filmaufnahmen an.

Dies alles klingt gewiß ein bißchen sehr nach Schau. Na und? Warum nicht den schönsten Moment in die Länge ziehen?

Das Protokollbuch

Während das Arbeitsheft seinen Platz in der Werkstatt haben sollte, gehört das Protokollbuch mit auf den Flugplatz. Der Unterschied besteht also darin, daß ersteres sich mit den Bauarbeiten usw. beschäftigt, während die Protokolle sich mit dem fertigen Modell auseinandersetzen.

Es geht schon mit der Kurzbeschreibung der jeweiligen Version los, nennt kurz die Farbgebung, damit man sich auch nach der x-ten Variante später noch erinnert, um welches Modell es sich gehandelt hat. Ein kleines Foto an dieser Stelle wäre kein Fehler, ebensowenig eine Baunummer.

In Stichpunkten sollte man den Erstflug kommentieren und kritisieren, natürlich mit Datum und Wetterlage, wie es sich für ein ordentliches Flugbuch gehört.

Ich könnte mir vorstellen, daß Sie sich bei

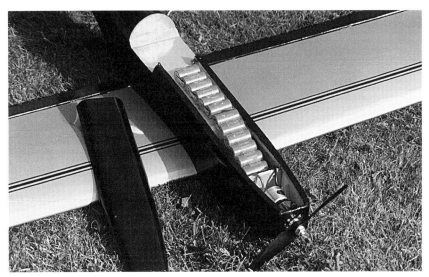

Besonders wichtig ist das Protokollbuch bei der Elektroversion.

den Eintragungen auf der ersten Seite ein wenig albern vorkommen, aber das gibt sich im Laufe der Zeit, und wir halten schon nach einer Saison einen wertvollen und unwiederbringlichen Schatz von Erinnerungen und Erfahrungen in unseren Händen.

Man sollte immer daran denken, daß ein Flugmodell auch bei positivster Denkweise doch ein Gebrauchsgegenstand ist, der irgendwann auch einmal den Weg alles Irdischen geht, und nichts ist so schnell vergessen, wie das Modell vom vorigen Jahr. Das ist normalerweise ganz in Ordnung so und hält bastlerisch fit, aber mit unserer Eigenkonstruktion sollte uns das nicht passieren; wir brauchen die Erfahrung, d.h. die Erinnerung an die Vorgänger mit ihren Vorzügen und Macken.

Bei einigen meiner Bekannten bin ich „die Norne von Usingen", weil ich mich ab und an dazu hinreißen lasse, nicht wie oben von „Gebrauchs-" sondern von „Verbrauchsmaterial" zu murmeln.

Dahinter steht eigentlich die hehre Absicht, den unglücklichen (ehemaligen) Besitzer einer wunderschönen Flugmaschine zu trösten nach einer „Landung", die so geklungen

hat, als sei ein Konzertflügel vom Himmel gefallen.

Ein Optimist unter uns Eigenkonstrukteuren sieht die Sache positiv. Da er ja nicht über einen anderen „Designer" und dessen idiotische Konstruktion meckern kann, müßte er eigentlich die Schuld bei sich selbst suchen – nichts liegt der Natur des Menschen ferner! Also schnappt er sich sein Protokollbuch und untersucht die Leiche auf Strukturschwächen. Die eigentliche Absturzursache wird er entweder schon während des Horrors wissen oder später kaum herauskristallisieren können, denn was war Ursache, was war Wirkung? Da wir Modeller ja keine Black box an Bord mitführen, ist eine Unfallanalyse meist unmöglich.

Aber wir können die (einmalige?) Gelegenheit nutzen und auf dem Platz und zu Hause Strukturstudien für das nächste Meisterwerk betreiben. Die Ergebnisse werden säuberlich im Protokollbuch festgehalten, damit wir später nicht mehr trauern, sondern wehmütig lächeln über unsere damalige Unverfrorenheit zu glauben, diese oder jene Stelle sei fest genug, selbst einer Explosion standzuhalten.

Ein Wort zum Schluß

„Der Worte sind genug gewechselt, laßt mich auch endlich Taten sehn." Dieses Zitat aus Goethes „Faust" will ich Ihnen nun zurufen, da sich die Lektüre rasant dem Ende nähert. Dabei konnte es nicht das Ziel sein, einen Modellbaukurs für Anfänger zu schreiben, eine meine Erachtens selbstverständliche Prämisse, die listigerweise nirgendwo erwähnt worden ist. Ein paar Modelle sollte man schon vorher gebaut und (erfolgreich) geflogen haben. Ich glaube, kein Käufer eines Buches über unser Thema will zu Beginn lesen: „Am Anfang schuf ..." oder: „Man nehme den Schraubenzieher in die rechte Hand, für Linkshänder gilt entsprechendes ..."

So ist unter anderem das Finish mit keinem Wort erwähnt. Darüber gibt es in einem Konstruktionsbuch nur zu sagen: Wenden Sie bei der ästhetischen Gestaltung Ihrer „pride and joy" die alte Mal- bzw. Fotografierregel an: Farbig, aber nicht bunt!

Da ganz bewußt auf komplizierte aerodynamische Formeln und Berechnungen verzichtet werden sollte, können die Spitzenprofis unter den Lesern natürlich (wie sollte es auch anders sein?) die Nase kräuseln und nach Profilkoordinaten, Auftriebs- und Widerstandsbeiwerten und der Reynoldschen Zahl suchen – allerdings vergebens, denn der Verfasser ist nun mal ein alter Pauker und wollte beweisen, daß es auch ohne gehen kann (nicht muß!). Fachliteratur gibt es davon die Fülle, und bei Kritiken dieser Art verhalte ich mich wie ein Politiker: Ich sitze sie gelassen aus!

Machen Sie es im wahrsten Sinne des Wortes gut, und gehen Sie mit Umsicht und Selbstvertrauen an die Arb..., nein an einen Teilbereich unseres schönen Hobbys.

Macht's gut, Leute!

Die

Fach-zeitschriften für den Modellbau ...

Die »**FMT**« ist die Nr. 1 unter den Fachzeitschriften zum Thema Flugmodellbau und Flugmodellsport mit Bauplanbeilage.

12 Ausgaben pro Jahr
Einzelheft DM 8,–
Abonnement
Inland DM 96,–
(Ausland DM 104,40)

»**SCALE**« berichtet sechsmal im Jahr über den Nachbau von Original-flugzeugen als fern-gesteuertes Modell.

6 Ausgaben pro Jahr
Einzelheft DM 9,–
Abonnement
Inland DM 54,–
(Ausland DM 60,–)

Die »**amt**« berichtet monatlich über RC-Cars, Buggys und Off-Road-Fahrzeuge; Tests, Technik und Rennen.

12 Ausgaben pro Jahr
Einzelheft DM 6,–
Abonnement
Inland DM 72,–
(Ausland DM 82,20)

Weitere Bücher zum Thema . . .

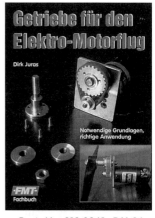